超高产株型模式的生理生态基础及籼粳亚种分化环境响应机制

金 峰 王鹤潼 著

中国农业科学技术出版社

图书在版编目（CIP）数据

水稻超高产株型模式的生理生态基础及籼粳亚种分化环境响应机制 / 金峰，王鹤潼著 .—北京：中国农业科学技术出版社，2020. 7

ISBN 978-7-5116-4861-7

Ⅰ. ①水… Ⅱ. ①金…②王… Ⅲ. ①水稻-高产模式-研究②水稻-植物生理学-研究③水稻-植物生态学-研究④籼稻-粳稻-杂交育种-研究 Ⅳ. ①S511

中国版本图书馆 CIP 数据核字（2020）第 120713 号

责任编辑 李 雪 徐定娜
责任校对 贾海霞

出 版 者 中国农业科学技术出版社
北京市中关村南大街 12 号 邮编：100081
电 话 (010)82105169(编辑室) (010)82109702(发行部)
(010)82109709(读者服务部)
传 真 (010)82109707
网 址 http://www.castp.cn
经 销 者 各地新华书店
印 刷 者 北京建宏印刷有限公司
开 本 710mm×1 000mm 1/16
印 张 14
字 数 204 千字
版 次 2020 年 7 月第 1 版 2020 年 7 月第 1 次印刷
定 价 49. 00 元

作者简介

金峰，男，博士，吉林农业大学农学院农学系主任，副教授，硕士研究生导师，国际水稻研究所访问学者，主要从事水稻生理生态基础研究，主持国家重点研发计划课题、国家自然基金等项目 10 余项，发表学术论文 30 余篇，其中 SCI 论文 7 篇，参编著作 2 部，荣获吉林省科技进步一等奖 1 项、二等奖 1 项，吉林省自然学术成果二等奖 1 项。兼任吉林省水稻品种审定委员会委员，吉林省耕作学会理事。

王鹤潼，男，博士，沈阳大学生命科学与工程学院生物科学系副教授，硕士研究生导师，中国科学院沈阳应用生态研究所客座副研究员。主要从事水稻籼粳亚种遗传分化研究、作物生态毒理学研究、耐受性转基因作物构建研究，获沈阳市优秀科技工作者称号，获辽宁省师范生从师技能大赛优秀指导教师。现主持国家自然科学基金青年项目 1 项，参与国家自然科学基金面上项目 1 项，发表学术论文 10 余篇，其中 SCI 论文 9 篇，TOP 期刊 5 篇。

前 言

水稻为世界人口提供了一半以上的粮食来源，90%以上的稻谷产量来自亚洲。为了满足经济发展和人口持续增长的需求，世界稻谷的产量必须保持1%的年增长。但随着城市化的发展，可耕种土地转变成了城市用地，进一步增加水稻种植面积是十分困难的。因此，提高水稻单产潜力，保证中国稻米总产量平衡对于增加粮食产量有着举足轻重的作用，也是今后几十年中国育种家稻作科研与生产的主攻方向。

提高水稻产量已是水稻育种最主要的目的。而水稻理想株型育种对提高水稻产量具有重要意义。Tsunoda研究表明，株型与产量潜力具有明显的联系，具高产潜力和较高氮肥利用率的品种表现短而粗壮的茎秆，叶片直立、短、窄、厚和深绿色。Donald将作物理想株型定义为：在现有作物生理和形态学理论基础之上，具较强光合系统，较大生长量以及较高产量多个农艺性状的综合。根据生理生态和产量潜力研究结果，国内外提出了以下一些水稻理想株型模式。国际水稻研究所提出的新株型模式，新株型的设计主要基于模型模拟结果以及在育种过程中相对于生理性状较容易选择的形态性状，其特征是少蘖、大穗强秆、叶挺直、根系活力强。黄耀祥等提出“早长、丛生型”株型模式，并于20世纪80年代育成了耐阴、适合密植栽培的Guichao和Teqing等品种，在华南稻区有广泛的种植。在中国超级杂交稻育种计划中，袁隆平以亚种间杂交优势利用和理想株型相结合为主要策略，提出了超级杂交稻株型模式。杨守仁等提出，进一步增加水稻产量潜力必须通过理想株型改良与优势利用相结合，并在北方稻区培育出了具有以上特性的直立大穗型品种沈农265。周开达等认为，亚种间重穗型组合的选育是实现超高产育种的重要途径，在此基础上培育出适合四川地区高温、高湿、寡照的三系杂交水稻品种。

理论和实践均已证明，超级杂交稻株型模式和北方直立大穗型模式，是实现水稻超高产的有效途径。综合分析认为，北方直立穗株型模式比较适合结实期天气好、穗数水平较高的北方常规粳稻，而超级杂交稻株型模式则更适合高温多雨、穗数水平相对较低的南方杂交籼稻。超级杂交稻株型模式和北方直立大穗型株型模式与过去水稻株型相比有明显特色，以形态性状为主，同时兼顾生理功能，在系统生理生态研究基础之上建立了具体的指标体系，而且已经育成品种并在生产上大面积推广。因此，明确生态环境对株型模式、产量构成因素、品质、穗部性状、籼粳亚种属性及其相互关系的影响，对理想株型育种和栽培管理实践具有一定的指导意义。

本研究以亚种间杂交后代为材料，分别在华南稻区（广东）、西南稻区（四川）、长江中下游稻区（上海）以及东北稻区（沈阳）种植，主要明确：①生态环境对籼粳杂交后代株型性状及其产量结构的影响，比较分析不同生态条件下株型特性的差异，讨论不同生态区域株型特性的差异及其与产量构成的关系；②生态条件对分离世代籼粳属性与株型性状关系的影响；③生态环境对水稻杂交后代品质性状的影响，比较不同生态条件下品质特性的差异；④不同生态区域品质与株型性状和籼粳亚种属性的关系，揭示其生理生态机制；⑤生态环境对水稻穗部性状影响及其与株型性状和籼粳属性的关系；⑥籼粳交后代低世代群体亚种分化机制。研究结果为不同地区水稻理想株型育种和充分发挥不同地区生态优势，提高产量和改进品质提供科学依据。

本书的研究成果和出版得到了国家自然科学基金（30871468、32071951、41807488）、国家重点研发计划（2017YFD0300609，2016YFD0300104）、吉林省教育厅“十三五”重点项目（JJKH20200340KJ）等相关课题的资助，研究内容的开展和书稿得到了沈阳农业大学徐正进教授和陈温福院士的悉心指导，广东省农业科学院江奕君研究员，广东省农技推广总站林青山总农艺师，四川农业科学院郑家奎研究员、杨乾华研究员、杨莉研究员、张涛研究员和上海市农业科学院李茂柏研究员的大力支持。在此书稿出版之际，谨向项目资助单位和参加试验的相关人员表示衷心感谢！

金峰　王鹤潼

2020 年 5 月

目　　录

第一章
文献综述

水稻在全球粮食生产和消费中占有极其重要的地位，是世界上除玉米和小麦外最重要的粮食作物。世界水稻产量每年必须增长 1% 的才能满足经济发展和人口增长的需要（Rosegrant et al.，1995）。世界耕地面积的不断减少和人口的逐年增加，粮食安全问题日显突出。一般来说，扩大种植面积和提高单位面积产量是提高水稻总产量的两条重要途径。为了避免环境的恶化，自然生态系统的退化以及和生物多样性的消失，现有水稻产量的增加主要建立在现有土地面积上（Cassman，1999；Tilman et al.，2002）。从中国目前的国情看，由于耕地面积逐渐减少和水资源匮乏，通过扩大种植面积来提高粮食总产量很不现实，所以在现有的土地上生产出更多的粮食产量是唯一的出路。因此，通过不断提高水稻单产水平，从而保证水稻总产量的逐步提高有着非常重要的作用，也是我国稻作生产与水稻育种研究的主攻目标（陈温福等，2002）。

水稻单产水平经历了两次飞跃（陈温福等，2002）。20 世纪 50 年代末期广东省农业科学院和 60 年代初期国际水稻研究所（IRRI）矮化育种的成功，实现了水稻单产水平上的第一次飞跃。中国的矮化育种开始于 1956 年，利用矮仔占中的矮秆基因 sd-1（黄耀祥，2001），进行系统选择并于 1959 年培育出第一个矮秆水稻品种广场矮，此后中国南方稻区相继开展了水稻矮化育种工作研究，选育出了一大批适应不同生态和生态条件的水稻品种。国际水稻研究所的育种家通过杂交引进台中本地等品种的矮秆基因到热带栽培稻品种中，并于 1962 年育成了第一代高产、矮秆水稻品种 IR8（Khush et al.，2001）。矮秆水稻品种育成使热带稻区水稻产量从 6 t/hm^2 提高到了 10 t/hm^2（Chandler，1982）。1976 年杂交水稻的诞生实现了水稻单产的第二次飞跃（袁隆平等，1994）。在大面积生产过程中，杂交稻表现出强大的杂种优势。与成熟期主栽的常规稻品种相比，杂交稻增产幅度一般都在 15%~20%（彭少兵等，1994）。在热带地区籼/籼杂交稻与表现最好的常规稻相比具有 9% 的增长潜力（彭少兵等，1999）。到 1990 年，全国杂交稻的种植面积已达到 1 500 万 hm^2，占中国水稻种植总面积的 46% 以上。目前，在广大的南方稻作区，中稻已基本实现杂交稻化。早稻和晚稻也大部分改常规稻为杂交稻，并逐渐向普及杂交稻的方向发展。然而，在经历了矮化育种和杂交稻育种实现的两次大飞跃以后，水稻单产水平长期停滞不前。为了实现水稻单产水平的再一次突破，人们寄托于水稻超高产育种，并于 20 世纪 80 年代初期开始实施。经过近 20 年的努力，在新株型优异种质创造，超高育种理论研究和育种实践等方面，都取得了明显的进展并预示着广阔的发展前景。水稻超高产育种即超级稻育种成为国内外稻作科学的前沿热点研究领域，株型改良—新株型模式仍然是迄今国内外水稻超高产育种的主要技术路线（徐正进等，2010）。提高水稻产量已是水稻育种最主要的目的（Peng et al.，2008）。而水稻理想株型育种在提高水稻产量过程中具有重要意义。

第一节　水稻株型育种的研究

一、理想株型概念提出

Tsunoda（1959a，1959b，1960，1962）研究表明，株型与产量潜力具有明显的联系，例如：具高产潜力和较高 N 肥利用率的品种表现短而粗壮的茎秆，叶片直立、短、窄、厚以及深绿色。Donald（1968）将作物理想株型定义为，在现有作物生理和形态学理论基础之上，具较强光合系统，较大生长量以及较高产量多个农艺性状的综合。将某些形态学特性和对N素利用率表现的产量能力紧密关系作为指导改良品种的技术方法，从而衍生出了株型的概念（Yoshida，1972）。

狭义的株型一般是指作物植株的空间排列方式、形态特征以及各形态性状之间的相互关系，包括植株的高矮，叶片的长短、宽窄及角度，分蘖集散程度，穗的形态，个体在群体中的排列方式和几何结构等。一个优良的作物品种必定产量较高，生产实践上，高产是通过增加投入特别是增施氮肥来实现的（杨守仁，1987）。因此，高产品种的选择首先必须是改善形态结构即株形，使其具备适应于高肥集约栽培的理想茎系、叶系和根系。广义的株型（Plant type）就是指这种综合生物学性状的组配形式及其调控基因的整体表达。它不仅包括植株的空间排列方式和形态特征，而且包括与作物群体光合作用直接相关的生理机能性状。因此，广义的株型是具有明显综合性特征的整体概念（陈温福等，1995；2003）。理想株型（idea plant type）或理想型（ideotype），是指在特定生产生态条件下与丰产性有关的各种有利性状的最优组配形式。在个体水平上，它是与丰产性有关的光合作用系统在空间的理想排列方式。这种组合与排列方式可使作物产量和经济产量都能趋近应能达到的高度（杨守仁等，1984；1987）。作物理想株型具有极强的辩证性。不同作物，同一种作物不同亚种或生态型，理想株型的标准不同；在不同生产水平和生态条件下，理想株型亦不同。就水稻来说，既有籼稻和粳稻之分，又有早稻、中稻、晚稻之别，还有杂交稻和常规稻之不同。因此，更不宜套用同一个理想株型模式。但是，最大限度地提高作物群体光能利用率，增加生物产量和提高经济系数，最终获得高产，是“理想株型”研究的共同目的。

根据水稻产量潜力和生理生态研究结果，国内外提出了如下理想株型模式。国际水稻研究所提出的新株型模式（NPT），新株型的设计主要基于模型模拟结果以及在育种过程中相对于生理性状较容易选择的形态性状（Peng et al.，1994），其特征是少蘖、大穗强秆、叶挺直、根系活力强。黄耀祥等（2001）提出“半矮秆、早长、丛生型”株型模式，并于20世纪80年代育成了耐阴、适合密植栽培的Guichao和Teqing等品种，并在华南稻区有广泛种植。在中国超级杂交稻育种实践中，袁隆平以理想株型和亚种间杂交优势利用相结合为主要策略，提出了超级杂交稻株型模式（袁隆平，2001）。杨守仁等（1996）提出，进一步获得水稻产量潜力提高必须通过理想株型改良与优势利用相结合，并在东北稻区培育出了具有以上特性的直立大穗型品种沈农265。周开达等（1995）认为，亚种间重穗型株型模式组合的选育是实现水稻超高产育种的重要途径，在此基础上培育出适合四川地区高温、多雨、高湿、寡照等生态环境条件的三系杂交水稻品种。

二、株型改良的重要意义

水稻株型改良的目的就是在于通过塑造良好的株型结构从而来调节植株个体的空间排列方式和几何构型，进而改善群体结构和受光态势，最大限度地协调高效冠层持续时间与群体叶面积和单位叶面积光合速率之间的关系，使群体在较高的光合效率和物质生产水平上达到动态平衡。水稻株型改良的另一个目的在于通过改进叶片质量从而提高单位叶面积的净光合速率。根据 Blackman（1905；1919）提出的限制因子定律，在叶面积数量不再是限制因子之后，新的限制因子和可能是单位叶面积净光合速率。大野等（1979）估算，籼稻的生物产量约有30%是由单叶净光合速率贡献的。水稻育种实践证明，株型改良在提高水稻群体光合作用、物质生产能力和产量中以发挥出重要的作用，如通过矮化植株高度提高了品种的耐肥性和抗倒伏性，通过直立、厚小的叶片形态和紧凑型分类的选择提高了品种的适于密植性，从而提高群体最适 LAI 和经济系数等。在水稻理想株型育种，除了形态学上的株型性状外，还有必要考虑机能性状的选择，这也是水稻超高产育种研究发展的必然趋势。

三、超高产理想株型的理论设计

国际水稻研究所（IRRI）的“少蘖、大穗”新株型（NPT）模式。IRRI 育种家认为，要打破现有高产品种的单产水平，必须在株型上有新的突破。他们参照其他禾谷类作物的株型特点，经过比较研究后，于 1989 年提出了新株型（New plant type）株型模式。继 20 世纪 60 年代中期育成并推广了矮秆高产品种 IR8 号后，国际水稻研究所（IRRI）的育种家又先后育成了一系列 IR 编号品种。但产量潜力一直停留在 IR8 号水平上，直到 IR72 号的育成产量水平才有新的突破。IRRI 的科学家分析认为，尽管 NPT 具有少蘖、大穗和抗倒伏能力强的特点，但其产量水平并不高。分析其原因主要是由于较低分蘖能力和差的籽粒充实度而导致的产量水平不高，新株型品系的营养生长阶段分蘖能力的减弱是其生物产量显著低于其他籼稻品种的主要原因，同时低的生物产量又是导致较差的籽粒充实度的原因，但目前两者之间因果的关系还不十分明确。紧凑的穗部结构，缺乏顶端优势，运输同化物质的大维管束的限制以及源（叶片）的早衰均可能是第一代 NPT 品系未获得大面积应用的主要原因（Yamagishi，et al.，1996；Khush 等，1996；Ladha et al.，1998）。同时抗病虫性差和较差的米质也是难以获得大面积推广的重要原因之一。针对这些问题，IRRI 的育种家们于 1995 年通过利用第一代 NPT 株系与优良的籼稻亲本进行杂交，从而开展第二代 NPT 株型模式育种工作。其特征特性为：一是穗粒数 200~250 粒，株高 90~100 cm，大穗强秆，茎秆粗硬；二是低分蘖力，没有或极少无效分蘖；三是叶片直立挺拔、较厚、叶色深绿色；四是具有很强的根系活力；五是在高生物产量的前提下具有高的收获指数，以收获指数 0.6 和产量潜力 13~15 t/hm^2 为育种目标（彭少兵等，1999）。一些第二代 NPT 品系经多季种植后发现，其产量水平显著高于第一代高产对照品种 IR72（彭少兵等，2004）。增产的原因主要是由于地上部分总的生物产量和收获指数的提高。

华南稻区“半矮秆、早长、丛生、根深”株型模式。广东省农业科学院在矮化育种的基础之上，提出了通过培育半矮秆丛生早长株型来实现水稻超高产的构想（黄耀祥，2001）。黄耀祥院士等提出了适合于华南籼稻区的“半矮秆丛生早长”的超高产株型模式的构想，其株型特点为：①植株高度适中，茎秆较粗壮，节间短，秆壁厚而坚韧，具较强的分蘖能力，成穗率高；②叶片直、厚，叶片开张角度较小，成熟期转色好；③根系活力强、健壮，不早衰；④群体结构好，叶面积指数较大，叶绿素含量较高；⑤大穗粒多，每穗实粒数 160~200 粒，千粒重 25~30 g，谷秆比高。近年，又在上述株型模式特点的基础之上，进一步提出了“半矮秆、早长、根深、超高产、特优质超级稻育种目标”，更加强调根系在超高产株型模式塑造上重要意义，并提出“双源并举”的育种策略，即发达而活力强的根系和高光合效率的叶片是同样重要的 2 个“源”，强调根系发达、活力强、分布广、不早衰的根系，以及叶片宽、厚、绿、直，叶面积指数大，叶绿素含量高，株高 100 cm 以下，达到特大穗超高产育种目标（黄耀祥，1995；2001；凌启鸿；1989）。在华南稻作区，水稻栽培分为早晚两季，与四川盆地的一季中籼稻和北方单季稻相比，单季的生长期较短。要获得高产，品种的生长速度必须快，通过冠层的早形成尽可能多地利用生育前期的温光条件，增加日产量。这种株型模式与国际水稻研究所的新株型（NPT）相比，在植株高度、分蘖能力以及生育时期等方面存在明显差异（陈温福等，2002）。华南稻区在矮化育种随后的几十年间，总结了一套适于该区域生态环境条件特点的水稻株型育种理论体系，在实践过程中先后育成了珍珠矮、广陆矮 4 号、桂朝 2 号、特青 2 号、胜优 2 号、胜泰 1 号、桂农占和玉香油占等高产、超高产品种，并在不同时期大面积种植。其中胜泰 1 号 1999 年通过了广东省品种审定，并于当年晚造在潮阳市试种示范，其中高产地块单产达到了 10. 5 t/hm^2，基本达到了超级稻产量指标；另一个品种玉香油占在 2005 年 3 月通过了广东省品种审定，于 2004 年早造在揭东县高产攻关示范 0. 3 hm^2，单产 11. 34 t/hm^2，达到了超级稻的产量指标。

国家杂交水稻工程技术中心的超级杂交稻株型模式。（袁隆平，1996；1997）把理想株型概念纳入了籼粳稻亚种间超级杂交稻育种中。超级杂交稻总体要求是高冠层，低穗位，大穗型。具体要求包括：育种目标的重要途径。其特点：①冠层高度 120 cm，株高 100 cm 以上；②上部三片叶长、窄、直、厚、V

字形，剑叶长 55 cm，倒二、倒三叶长 55 cm，上三叶均高于穗尖；剑叶、倒 2 叶、倒 3 叶的角度分别为 5 度、10 度和 20 度左右，并且状态直立不倾斜，直到成熟；叶片窄凹，向内卷，表现较窄，但展开的宽度为 2 cm 左右，上 3 叶干重较一般品种显著要高；③分蘖能力中等，株型适度紧凑，灌浆后稻穗下垂，穗尖离地面 60 cm 左右，冠层只见挺立的稻叶而不见稻穗，即典型的“叶下禾”；④穗数 300 穗/m^2，穗重 5 g 左右；⑤叶面积指数 6.5 左右，收获指数 0.55 以上。按袁隆平院士的解释，叶长易于增加叶面积；直立叶有利于下部叶片接受更多光照；窄叶在叶面积指数较大时所占空间少；“V”字形结构可使叶片坚挺，不易披垂；叶片厚光合机能则强，不易早衰。国家杂交水稻工程技术研究中心育成的两优培九、培矮 64s/E32 等都达到了袁隆平院士提出的超级杂交稻株型模式的选育指标。其中培矮 64s/E32 在 1997 年的示范中达到了 13.25 t/hm^2的产量水平，而两优培九则已成为近年来我国种植面积最大的杂交稻组合，也是迄今为止我国推广面积最大的两系杂交稻组合。

四川盆地的“亚种间重穗型”株型模式。四川农业大学周开达等 (1997) 认为，亚种间重穗型组合的选育是实现超高产育种的重要途径。提出的“亚种间重穗型三系杂交稻超高产育种”。在四川盆地高温、高湿、寡照、少风，云雾较多的生态环境条件下，应适当增加株高，减少穗数，增大穗重，更有利于提高群体光合作用与物质生产能力，减轻病虫为害，获得超高产。亚种间重穗型株型模式的株型特点：①根系粗壮、活力强、功能时间长、不早衰，成熟期尚能保持一定的吸收力；②株高 120 cm 左右，株型集散程度适当，茎秆坚韧，秆壁厚，基部节间短，抗倒伏，输导组织发达，维管束只有一定的叶绿素；③有效穗数 337.5 万/hm^2左右；④单穗重 5 g 以上，穗长 28~30 cm，穗平均着粒 200 粒以上，结实率80%以上；⑤叶肉较厚，叶色较深，直立性好，叶片内卷直立，成熟期转色顺调，收获指数0.55。同时要求适应性与抗病性广、结实性能较稳定，米粒厚度好，近圆筒形，淀粉结构致密，出米率高，整精米率高，对气候生态、土地肥力的适应性广，在农村一般土肥条件下更高产。抗稻瘟病和白叶枯病，米质比现行生产种有明显提高（周开达等，1997）。育成的重穗型组合Ⅱ优6078经过7年的试验、示范，表现穗大粒多、穗着粒200粒以上、结实率85%左右、株高125 cm、株型前松后紧、分蘖力强、成穗率高、单株成穗15个左右、茎秆坚韧、抗倒力强。平均产量9.425 t/hm^2，最高产量13.65 t/hm^2，基本达到了亚种间重穗型杂交稻的主要指标。

北方直立大穗型株型模式。20世纪80年代中期在籼粳稻杂交和水稻理想株型理论研究基础上，形成和发展起来了北方粳稻超高产育种研究，其中以沈阳农业大学最具代表性。经过系统研究结果发现，选择穗型直立、适当增加植株高度、改善根系形态和功能，增加单茎干物质重是提高水稻生物产量的有效途径。研究还发现，直立穗型有利于抽穗后群体CO_2扩散，充分利用光能，有利于提高生物产量，缓和穗数和穗大之间的矛盾，同时有利于增强品种的抗倒伏能力。在进行了充分的实验和理论分析的基础上，结合北方粳稻高产育种实践，沈阳农业大学对北方粳稻超高产新株型进行了量化设计：株高90~105 cm；直立大穗型；分蘖力中等，每穴15~18个有效穗；每穗150~200粒；生物产量高；生育期155~160天；收获指数0.55；综合抗性能力强；产量潜力12~15 t/hm^2。沈阳农业大学自杨守仁先生1996年提出直立大穗株型模式以来，先后育成了沈农265、沈农606和沈农6014等超高产新品种，并且育成的沈农89-366还作为IRRI的水稻NPT吧（新株型）育种的骨干亲本利用。其中沈农265在1999年的示范中产量达 11.14 t/hm^2。沈农 606 和沈农 6014 在 1999 年的示范中产量分别达到了 12.23 t/hm^{2}和 12.45 t/hm^2，均达到了育种目标设定的产量指标。

综合上述各种超高产株型模式理论，其实质包括以下几点：①重塑株型；②利用籼粳亚种间杂交产生的强大优势；③兼顾理想株型与优势利用，即形态与机能相结合。从株型设计上看，无论哪种理论或途径，所设计的株型一般都具有适度增加植株高度，增大穗重，降低分蘖数，生物产量与经济系数并重等共同特点。从育种方法上看，都注意到了利用亚种间杂交来创造中间型材料，再经复交或回交并辅之其他高新技术，选育超高产品种或超级杂交稻（陈温福等，2002）。针对每种株型模式都是在某种特定的生态环境和生产实践条件下，通过设计理想株型，协调源、库、流三者的关系最终达到提高水稻产量的目的。因此，进一步明确生态环境对水稻株型特性、产量、品质及其相互关系的影响，为不同生态区确定最佳理想株型模式具有重要的指导意义。

第二节　生态环境对水稻株型的影响

一、生态环境对水稻亚种进化及其与株型性状关系的影响

中国稻区辽阔，地理生态环境丰富，具有悠久的稻作文化，在长期的自然选择和人工选择下，形成了类型复杂、数量繁多的稻种资源。我国不仅是栽培稻的起源地之一，而且是世界上稻种遗传多样性和生态性中心国家之

一。籼稻和粳稻是亚洲栽培稻的两个亚种。我国在水稻栽培上是一个籼粳并重的国家，早在两千年前，就已认识到有籼粳两亚种 *Oryza sativa* L. subsp. *hsien*（indica）及 subsp. *keng*（japonica）的存在，并在漫长的历史过程中形成了南籼北粳的布局。1949 年丁颖先生提出，粳稻和籼稻是由于光温等环境因素的影响而分化形成的不同气候生态型。杨忠义（1990）认为，籼、粳稻分化的主要因素是温度与水分。丁颖（1983）认为，籼稻是栽培稻的基本型，粳稻是籼稻由低纬度、低海拔的地区向高纬度、高海拔地区分化的变异类型，籼稻和粳稻分属于不同的气候生态类型。有研究表明，随着海拔的升高，籼型少而粳型多，反之随着海拔降低，粳型少而籼型多，同时试验地点日长差异很小，说明温度是影响籼粳稻分化的一个主要因素。通过对籼粳稻杂交后代籼粳分布情况上看，籼粳稻杂交低世代的分离情况主要受双亲的控制，其次是生态环境的影响。籼粳稻亚种间的杂交，再结合异地培育，即可大大增加变异，提供更多的选择机会。籼稻和粳稻在生物学特性上存在明显差别，在生产上各有优点。籼、粳稻亚种间杂交可以产生较强的杂种优势，以综合亚种优点为目的的籼粳稻杂交育种成为重要育种方法之一，也是以塑造新株型为主要途径，并根据生态环境等提出多种超高产株型模式。籼粳稻在株型特性上有明显差异，南方籼稻区以长剑叶、弯曲穗形态为主；北方粳稻区以短剑叶、直立、半直立穗型居多。以综合亚种优点为目的的籼粳稻杂交已经成为国内外水稻常规育种、特别是高产常规品种选育的重要途径之一（丁颖稻作论文选集编辑组，1983；张尧忠等，1998），也是创造大量株型（包括穗型）变异的来源。株型改良是水稻超高产育种的重要途径（杨守仁等，1959）。自 20 世纪 50 年代（杨守仁等，1996；1959；

1962）开创水稻籼粳亚种间杂交育种以来，理想株型选育与优势利用相结合的技术路线得到广泛应用（杨守仁等，1962；张再君等，2003），现已成为水稻超高产育种的重要手段（陈温福等，2001；祁玉良等，2005）。根据生理生态和产量潜力研究结果，国内外提出了一些新株型模式（杨守仁等，1996；Khush et al.，1995；袁隆平，1997；周开达等1997；黄耀祥，2001）。从具理想株型性状的大量育成品种籼粳血缘上看，仍然呈南籼北粳的布局态势。在没有有意识直接选择的条件下，籼粳稻杂交育成品种基本保持亚种特性，可能是因为亚种特征性状与生态适应相联系，或者与亚种间遗传上某种程度的生殖隔离有关。迄今对株型与籼粳属性的关系及其生态适应性的相关研究大多集中在生态环境对株型性状的影响（Li et al.，2009；吕川根等，2009；李宏宇等，2009），籼粳属性与经济性状和穗部性状的关系（徐海等，2009；2007）等，但对籼粳属性与株型性状的关系研究较少，特别是在不同生态环境条件下籼粳属性与株型性状的关系报道更少。本文以籼粳稻杂交 F_2 群体为试材，探讨了生态条件对分离世代籼粳属性与株型性状关系的影响。

二、生态环境对水稻株型性状影响

邹江石等（2005）研究表明，水稻的株型由基本型和生态型两个部分构成，基本型是所有理想株型水稻的共性性状，生态型是因气候等生态环境条件和栽培因素的影响而与之相适应的株型性状。有研究发现，南方单季稻单位面积穗数自南向北递增，由低海拔向高海拔递增趋势，而地理纬度不同，株型与群体广分布的关系，以及对株型和田间配置的要求也不同。根据生理生态和产量潜力研究结果，国内外提出了以下一些理想株型模式。国际水稻研究所提出的新株型模式（NPT），新株型的设计主要基于模型模拟结果以及在育种过程中相对于生理性状较容易选择的形态性状（Peng et al.，1994），其特征是少蘖、大穗强秆、叶挺直、根系活力强。黄耀祥等（2001）提出“早长、丛生型”株型模式，并于 20 世纪 80 年代育成了耐阴、适合密植栽培的 Guichao 和 Teqing 等品种，在华南稻区有广泛的种植。在中国超级杂交稻育种计划中，袁隆平以亚种间杂交优势利用和理想株型相结合为主要策略，提出了超级杂交稻株型模式，适合高温多雨、穗数水平相对较低的南方杂交籼稻区（袁隆平，2001）。杨守仁等（1996）提出，进一步增加水稻产量潜力必须通过理想株型改良与优势利用相结合，并在北方稻区培育出了具有以上特性的直立大穗型品种沈农 265，该株型模式比较适合结实期天气好、穗数水平较高的北方常规粳稻。周开达（1995）认为，亚种间重穗型组合的选育是实现超高产育种的重要途径，在此基础上培育出适合四川地区高温、高湿、寡照的三系杂交水稻品种。株型性状大多受多基因控制，受环境因素影响较大（范桂芝等，2008；Hittalmani S et al.，2003；徐海等，2009）。Li et al.（2009）利用育成品种分别在桃源和南京种植，研究表明不同生态条件下水稻株型性状存在一定的差异，同时株型特性的差异优势导致两地产量的主要原因。吕川根等（2009；2010）研究超高产杂交稻两优培九齐穗期株型的区域差异认为，理想株型的实用指标必然会因品种类型、栽培水平和种植区域而不同。依据我国稻区的气候和栽培特点制定的“中国水稻种植区划”可能是制定不同稻区水稻理想株型指标的合理分区标准。金峰等（2013）利用籼粳稻杂交 F_2 代群体分别在不同生态区域种植，结果发现生态环境对株型性状具有较为显著的影响。因此，本研究以籼粳稻杂交后代为试材，明确生态环境对株型性状的影响，为不同生态区理想株型育种工作提供参考依据。

三、生态环境对水稻穗部性状的影响

穗是水稻的重要器官之一，穗部性状是水稻理想株型的重要组成部分，合理的穗部结构对提高水稻产量潜力和品质的改善具有重要意义。有研究表明，穗粒数对产量的直接作用最大，适当增加穗长，实现穗大粒多增加库容量，可以显著提高水稻产量潜力（胡继鑫等，2008；吴文革等，2007；董桂春等，2009；龚金龙等，2012），徐正进等（2004）的研究表明，一、二次枝梗数多是增加每穗粒数的基础，并根据二次枝梗在穗轴上的分布特点将穗型分为上部优势型、中部优势型和下部优势型（徐正进等，2005），认为二次枝梗籽粒偏向穗轴中上部分布有利于提高结实性和产量。籼粳稻的穗部性状具有明显差异，同时亚种间杂交优势利用，由于籼粳稻杂交可以创造大量的变异，可以实现穗部性状的重新组合。20 世纪 50 年代以来，理想株型选育与杂种优势利用相结合的技术路线得到广泛应用（张再军等，2003；杨守仁等，1996），以综合亚种优点和利用亚种间杂种优势为目的的籼粳稻杂交育种已成为南北方水稻育种的重要方法之一（姜健等，2002；2001；马均等，2001；杨守仁，1987）。作为理想株型模式中重要部分的穗部性状同样具有一定的生态适应性（李绍波等，2009；梁康迳，2000）。徐海等（2009）研究表明，从辽宁到四川，穗颈粗和穗颈大维管束数极显著减少，第二节间小维管束数和大维管束比极显著增加，结实率特别是二次枝梗结实率极显著下降，程氏指数更加偏粳。穗颈大维管束数、大小维管束比、大维管束比、结实率和千粒重在亚种类型间差异显著。赵明珠等（2012）在不同生态环境下利用籼粳稻杂交 F_2 代群体研究了穗部性状的差异，结果表明：四川和上海穗较长，二次枝梗数较多，结实率较低并且与着粒密度呈极显著负相关，而辽宁穗较短，一次枝梗数较多，结实率较高并且与着粒密度关系不显著。前人研究表明，穗部性状多基因控制数量性状，不同的穗部性状对环境敏感程度不同（崔克辉等，2002；邢永忠等，2001；段俊等，1999；胡霞等，2011；匡勇等，2011；Guo et al.，2010；Teng et al.，2001）。本研究利用籼粳稻杂交后代研究生态环境对穗部性状影响及其与株型性状和籼粳属性的关系，明确生态环境对其影响的机制和变化规律，对不同地区理想株型育种工作和充分发挥不同地区生态优势具有重要意义。

四、生态环境对水稻产量的影响

提高水稻产量已是水稻育种最主要的目的（Peng et al.，2008）。产量性状是多基因控制的数量性状（Mu et al.，2008；Yue et al.，2006；Fan et al.，2011；Fu et al.，2010）。品种本身基因型，生态环境条件以及栽培技术措施的不同，各产量构成因素对产量影响大小不同（Yoshida，1983）。Li et al.（2009）比较了不同生态区域间产量的差异发现：生态环境间产量存在较大差异，库（颖花数）的多少是影响产量差异的主要因素之一，同时生物产量的高低以及株型性状的变化同样是水稻产量区域间差异的原因。（杨从党等，2004）通过不同稻作生态环境条件下，不同类型水稻品种的产量及产量构成因素的比较分析，结果表明，不同生态条件下结实率和千粒重的变化较小。（王红霞等，2010）通过对 6 份水稻杂交后代在 3 个生态区种植，研究不同生态条件对水稻产量及其产量构成要素的影响。结果表明：不同生态条件对水稻产量影响显著，不同的生态条件对水稻的每穗粒数没有影响，对每穴穗数和千粒重影响显著。（金峰等，2013）利用籼粳稻杂交 F_2 代材料分别种植在不同生态区域结果表明，生态条件是影响水稻产量差异的重要因素之一（Katsura et al.，2008；Williams，1992；Horie et al.，1997；石全红等，2012）。因此，明确生态环境对水稻产量及其构成因素的影响机制，可为不同生态区域间水稻超高产育种及栽培技术提供一些合理的分析方法及重要的增产途径。

五、生态环境对水稻品质的影响

稻米品质是水稻育种重要农艺性状之一，它包括加工品质、外观品质、营养品质和食味品质等。稻米品质的形成是遗传、栽培条件以及生态条件综合作用的结果，其中品种的基因型是主要决定因子，环境条件对稻米品质的影响是通过影响稻谷胚乳细胞发育及内部生理生化过程等发挥作用的（Sarah et al.，2011）。稻米品质的形成过程可以描述为：在遗传特性和环境条件的作用下，通过籽粒灌浆动态变化来决定其品质表现（程方民等，2001）。环境生态条件中温度和光照是影响稻米品质的重要因素。温度对稻米最终品质的影响，主要取决于水稻齐穗后 20 天内气温状况。结实期的高温极不利于整精米率的提高，高温加速了籽粒灌浆，从而影响光合产物的积累、代谢酶活性及细胞分裂，促使垩白率提高，垩白米硬度降低，碎米率高，进而影响整精米率，使加工品质变差。不同气候条件，不同茬口下种植的水稻，其整精米率相差较大，凡具有温凉气候条件者，对提高整精米率较有利，因而北方优于南方（王忠等，1995；李太贵等，1997；吴秀菊等，2007；杨福等，2005；王忠等，2003；贾志宽等，1992；张国发等，2006；吕川根等，1988；徐富贤等，2004；许凤英等，2005；金军等，2004；熊飞等，2007；金正勋等，2001）。直链淀粉与出穗后 30 天内的平均气温呈显著负相关，平均气温越高，直链淀粉的含量越低，施肥的栽培方法对直链淀粉含量的影响不大（程冬梅等，2000；程方民等，2003；Sarah et al.，2011；Lin et al.，2005；Sharifi et al.，2009）。由此可以看出在不同生育时期，生态条件对品质形成的影响程度不同，在水稻灌浆结实期间，北方天气雨水较少、光照充足。而南方多阴雨天，这样不仅影响结实率，也势必会对品质优劣产生重大影响。理想株型和稻米品质是水稻育种学家最为关注的两个方面（陈温福等，2003；胡培松等，2002），同时也是需要进一步研究的两个方面（程融等，1995；陈建国等，1997）。理想株型通过改善作物群体结构和冠层内光分布来提高作物群体的光合效率和干物质的积累能力，同时对水稻品质的改善同样具有重要作用（张小明等，2002）。如何正确理解理想株型模式和品质性状之间的关系，是选育出高产优质水稻品种的重要前提条件。籼粳稻杂交产生的大量变异是创造理想株型的重要手段，同时籼粳亚种和品质性状都与环境条件有密切关系（毛艇等，2010；吴长明等，2003）。因此，明确不同生态环境条件下籼粳稻杂交后代稻米品质差异比较以及与株型性状和亚种属性关系，对不同地区水稻理想株型育种和充分发挥不同地区生态优势，提高产量改进品质具有重要的指导意义。

第三节　水稻籼粳属性的形态分类方法

籼稻和粳稻是亚洲栽培稻的两个亚种，在生物学特性上存在明显差别，在经济性状和生产应用上各有优点（中国稻作学，1984；Tsunoda S，1984）。我国在水稻栽培上是一个籼粳并重的国家，早在两千年前，就已认识到有籼粳两亚种的存在，并在漫长的历史过程中形成了南籼北粳的布局（杨守仁等，1996；袁隆平，2002；程侃声，1993）。丁颖（1983）认为，籼稻是栽培稻的基本型，粳稻是籼稻由低纬度、低海拔的地区向高纬度、高海拔地区分化的变异类型，籼稻和粳稻分属于不同的气候生态类型。以综合亚种优点为目的的籼粳稻杂交育种成为超高产育种的重要方法之一，同时也是创造大量株型形态的重要途径。籼粳稻亚种间杂交可以产生较强的杂种优势，近年来生产上推广的优良品种绝大多数都是通过籼粳稻杂交育成的。研究大量籼粳稻杂交育成品种的程氏指数、叶片气孔和维管束性状的结果表明，籼粳稻杂交育成品种并没有像预期那样综合亚种优点，而是保持典型籼粳稻的基本特性。在没有有意识直接选择的条件下，通过籼粳稻杂交方法育成品种的基本保持亚种特性，其原因可能是由于亚种特征性状与生态环境相关联，或者与籼粳亚种间遗传上某种程度的生殖隔离有关。

籼粳两个亚种基因组存在着高度的遗传分化，且与杂种优势有密切关系。如今，我国在研究水稻籼粳分化上主要通过形态学，同工酶，DNA 分子标记 3 个方面，其中在形态上研究最早，自从 Kato 在 1928 年提出了以粒形、稃毛以及杂交配合力为指标区分籼粳亚种开始，对籼粳亚种分类的研究就逐渐增多。Oka（1958）将叶毛、酚反应及氯酸钾抗性加进籼粳分类指标，我国学者程侃声于 1985 年提出了籼粳亚种属性形态指数分类法，通过对叶毛、籽粒长宽比、酚反应、稃毛、1~2 穗节长、抽穗时壳色 6 个性状的鉴别评分，使亚种分类初步数量化而其简便易行，在国内获得了广泛采用（Zhang et al.，2011b）。在亚种属性形态指数分类 6 性状中尤以稃毛、粒形、抽穗时壳色和谷粒石炭酸反应为重要，利用这 4 个性状由 95% 的把握进行判断（程侃声等，1993）。（何光华、郑家奎等，1994）利用灰色关联分析、逐步判别分析、单一性状聚类、主成分分析 4 种方法探讨了亚洲栽培稻分类时程氏和冈氏所用分类性状的地位和作用。结果表明，在亚种分类上，抽穗时壳色是最有效的分类性状，其次是苯酚反应和叶毛，穗轴长有一定的判别效果；在进一步分析亚种内的分化程度上，抽穗时稃色也是最好性状，其次是苯酚反应和稃尖茸毛。有研究表明，稃毛、籽粒长宽比、酚反应和穗轴第 1 节长 4 性状累计贡献率大于 85%，除穗轴节外，其余 5 性状遗传力均高（刘万友等，1991），董克从浓度、时间、温度等方面证明了酚反应的适用性。这些学者证明了在亚洲栽培稻的籼粳亚种分类上，稃毛、抽穗时壳色、酚反应、1~2 穗节长是较为重要的性状。而随着分子生物学的发展及应用，以 DNA 指纹技术为基础的分子标记技术被应用于籼粳亚种的分类，以基因组 DNA 片段的差异来表示遗传背景的多样性，并用来分析籼粳成分（Murray 和 Thompson，1980）。RFLP（Zhang et al.，1992；Lin et al. ，1996）、RAPD（Fan et al. ，2000；Jiang et al. ，2006）、SSR（Ni et al. ，2002）、InDel（Shen et al. ，2004；Lu et al. ，2009）和 ILP（Wang et al. ，2005）等多种标记被应用于籼粳分类研究，并通过使用这些标记分析典型籼粳稻筛选出有极高籼粳特异性的分子标记，这使籼粳亚种的分类及籼粳交群体的分化研究更加准确和简便。

第二章
生态环境对水稻杂交 F_2 代株型与产量构成的影响

株型改良是水稻超高产育种的重要途径。自 20 世纪 50 年代，杨守仁开创水稻籼粳亚种间杂交育种以来，理想株型选育与优势利用相结合的技术路线得到广泛应用，现已成为水稻超高产育种的重要手段利用籼粳亚种间杂交产生的大量变异创造新株型已成为品种选育的一种常规方法。

根据生理生态和产量潜力研究结果，国内外提出了一些新株型模式，主要有 IRRI 的超级稻新株型模式、国家杂交水稻工程技术中心的超级杂交稻株型模式、广东省农业科学院提出的半矮秆丛生型模式、四川农业大学提出的重穗型以及沈阳农业大学直立穗株型模式。理论和实践均已证明，国家杂交水稻工程技术中心的超级杂交稻株型模式和沈阳农业大学的直立大穗型模式，是实现水稻超高产的有效途径。徐正进等研究分析表明，直立穗株型模式可能比较适合结实期天气好、穗数水平较高的北方常规粳稻，而超级杂交稻株型模式则更适合高温、高湿、寡照、穗数水平相对较低的南方杂交籼稻区。与传统水稻株型相比较，上述两种株型模式有明显特色，以形态性状为主，同时兼顾生理功能，在系统生理生态研究基础之上建立了具体的指标体系，而且已经育成品种并在生产上大面积推广。迄今，很少见籼粳亚种间杂交后代群体的株型模式随环境条件变化方面的研究报道。本研究以籼粳稻杂交 F_2 代为材料，主要明确生态环境对籼粳交 F_2 代个体株型模式及其产量结构的影响，比较分析了不同生态条件下株型特性的差异，讨论了不同生态区域籼粳交 F_2 代个体株型特性与差异及其与产量构成的关系。

第一节 试验设计与材料

一、材料与生态试验点

试验采用两个水稻杂交衍生的重组自交系 F_2 群体，一个群体亲本是晚轮422和沈农265，每个生态点300粒种子，辽宁最后形成193个单株，四川196个单株，以下以 F_2-A 代表；另一个群体亲本是泸恢99和沈农265，每个生态点300粒种子，辽宁最后形成128个单株，四川形成167个单株，以下以 F_2-B 代表；2010年于四川省德阳市（N 31°07′、E 104°22′）；辽宁省沈阳市（N 41°80′、E 123°44′）二个不同的生态地区种植。在四川省农业科学院水稻研究所德阳育种基地，4月26日播种，5月27日插秧，行距19. 8 cm，株距19. 8 cm，四川的施肥量为每亩基肥施碳酸氢铵25 kg、有机磷肥25 kg、复合肥25 kg，追肥施尿素7. 5 kg，合11 kg N、5. 5 kg P_2O_5、1. 8 kg K_2O；在辽宁沈阳农业大学水稻研究所试验田，4月13日播种，5月15日插秧，行距为29. 7 cm，株距为13. 2 cm，辽宁的施肥量为每亩基肥施尿素10 kg，磷酸二铵10 kg，钾肥5 kg，追肥施尿素10 kg，合11 kg N、4. 6 kg P_2O_5、3 kg K_2O。其他栽培管理按当地生产田。水稻生育期间两地气象条件与历年相比无明显差异。

二、调查项目及数据统计

2010 年于齐穗后 15~20 天，调查株高、穗长、剑叶长宽、颈穗弯曲度和剑叶弯曲度；成熟期每单株取长势中等的 5 穗，调查穗数、穗粒数、结实率和产量。

由于 F_2 单株较多，采用 SPSS18.0 软件 Hierarchical Cluster Between-groups linkage 方法，将剑叶长平均值进行聚类分析，并按长度的长短分成 3 类。其他数据采用 SPSS18.0 软件和 Excel 2003 处理分析。

三、株型分类

将不同生态条件下籼粳稻杂交 F_2 代分离个体按剑叶长短及颈穗弯曲度进行划分，具体标准：F_2-A 剑叶以 33.1 cm 为中间值，大于 33.1 cm 为长剑叶，而小于 33.1 cm 则为短剑叶，F_2-B 剑叶以 29.2 cm 为中间值，大于 29.2 cm 为长剑叶，而小于 29.2 cm 则为短剑叶；穗型划分标准为颈穗弯曲度小于 50 的划为直立穗型，大于 50 的则归为弯曲穗型（徐正进等，1990）。根据以上标准划分以下 4 种类型，即第一类（Cw）：长剑叶、弯穗；第二类（Cz）：长剑叶、直穗；第三类（Dw）：短剑叶、弯穗；第四类（Dz）：短剑叶、直穗。

第二节 株型性状和产量构成因素的区域差异

统计结果（表2-1）显示，在 F_2-A、F_2-B 中具不同株型特性的个体组成有明显不同。四川到辽宁，株高和颈穗弯曲度显著提高；而穗长、剑叶长、剑叶宽及剑叶弯曲度均表现为降低趋势，其中剑叶宽和剑叶弯曲度变化趋势达到了显著水平，2 个群体间表现基本一致。结果表明，不同生态条件下株型特性差异变化的方向基本一致，也说明生态环境条件是影响株型特性差异的主要原因。

表 2-1 株型性状的区域差异

性状	F_2-A		F_2-B	
	四川	辽宁	四川	辽宁
株高/cm	125.16 b	132.04 a	109.19 b	124.59 a
穗长/cm	27.69 a	25.23 a	22.65 a	21.23 b
剑叶长/cm	31.15 a	29.75 a	29.86 a	29.47 a
剑叶宽/cm	2.08 a	2.01 b	2.03 a	1.95 b
剑叶弯曲度/°	28.01 a	20.80 b	27.64 a	20.00 b
颈穗弯曲度/°	64.91 b	69.88 a	46.43 b	55.41 a

注：字母表示 0.05 显著水平。

从不同生态条件下产量构成因素的差异变化看（表 2-2），不同生态条件下 F_2-A 与 F_2-B 明显不同。辽宁的有效穗数、千粒重和结实率均显著高于四川，而穗粒数则表现为低于四川；产量结构的上述变化，导致辽宁 F_2-A 和 F_2-B 2 个群体的单株产量高于四川。总的来讲，2 个籼粳杂交低世代群体产量性状在不同生态区间变化趋于一致，表明环境条件对区域间产量构成的影响较为明显。

表 2-2　产量构成因素的区域差异

性状	F_2-A		F_2-B	
	四川	辽宁	四川	辽宁
穗数/m^2	213.58 a	259.81 b	235.64 a	251.54 b
千粒重/g	22.89 a	23.19 a	21.79 a	22.27 b
穗粒数	206.74 a	195.96 b	246.47 b	215.87 a
结实率/%	77.00 a	78.00 a	78.00 a	82.00 b
产量/$kg \cdot m^{-2}$	0.92 a	1.05 b	0.85 a	0.86 a

注：字母表示 0.05 显著水平。

第三节　株型性状及产量构成的类型间差异

一、不同生态条件下剑叶长与颈穗弯曲度分布

两个 F_2 群体的剑叶长在不同生态区域内基本呈正态分布（图 2-1），F_2-A

辽宁和四川的平均值为 31. 5 cm 和 29. 75 cm，变异范围为 16. 1～51. 6 cm 和 13～56. 8 cm，变异系数为 23. 17% 和 24. 17%，F_2-B 辽宁和四川的平均值为 29. 86 cm 和 29. 47 cm，变异范围为 16～49. 1 cm 和 16. 8～53. 2 cm，变异系数分别为 23. 68%和 24. 86%；辽宁两个组合小于 35 cm 的频率为别为 59% 和 58%，四川则分别占 62% 和 48%，两地或多或少表现为偏态分布，但具有一定的连续性。表明生态环境对剑叶长的变异程度无较大影响，但对剑叶长的绝对值影响相对较大。

在不同生态区域颈穗弯曲度分布基本上属于正态分布（图 2-1），辽宁两组合中颈穗弯曲度大于 50 度植株分别占 65% 和 71%，表明在辽宁地区两组合更加偏向弯曲，四川分别为 46% 和 71%，两组合的分布频率不尽相同，但两个区域内两组合的分布都呈现出一定连续性。应该说环境对颈穗弯曲度的次数分布影响相对较小。但生态环境对颈穗弯曲度绝对值的影响较大。

二、剑叶长聚类分析

剑叶长聚类分析结果见表 2-3。供试材料间剑叶长的差异很大，F_2-A 和 F_2-B 中最长的分别达 56. 8 cm 和 53. 2 cm，最低的仅为 13 cm 和 16 cm，总体平均值为 26. 5 cm 和 29. 6 cm。第一类长剑叶类型，F_2-A 和 F_2-B 平均长 53. 34 cm 和 44. 66 cm，分别有 4 个和 36 个，占 1. 0% 和 12. 1%；第二类中等剑叶类型，平均值 37. 91 cm 和 34. 02 cm，各有 91 个和 114 个，分别占 23. 6% 和 38. 3%；第三类为短剑叶类型，平均长度为 25. 98 cm 和 24. 62 cm，该型有 290 个和 148 个，占

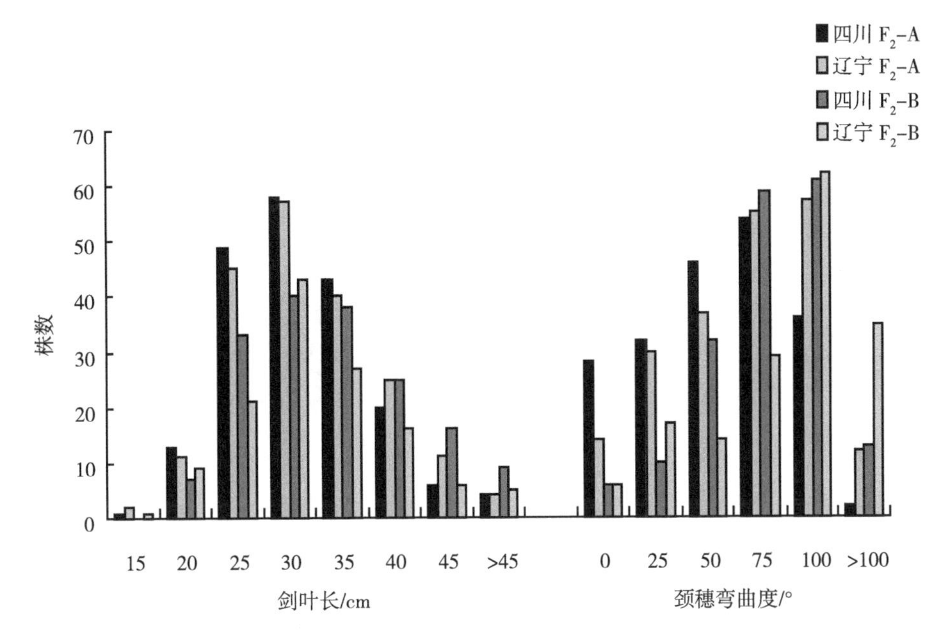

图 2-1　不同生态条件下剑叶长与颈穗弯曲度次数分布

75.3% 和 49.7%。在 2 套组合中长剑叶类型和中等剑叶类型所占比例较低，说明本文所采用的两套籼粳稻杂交组合中，长剑叶类型材料最少，其次为中等剑叶类型，而短剑叶类型材料所占比例最高。

应当指出，本文依据统计分析和为了叙述方便与目前生产上理想株型的剑叶长短划分有些区别。如与典型理想株型模式剑叶长短的对应，第一，大多数理想株型模式对剑叶长短不无具体标准；第二，在众多理想株型模式中只有超级杂交稻剑叶长短有具体的量化指标即 50 cm，本文中将 F_2-A 剑叶以 33.1 cm 为中间值，大于 33.1 cm 为长剑叶，而小于 33.1 cm 则为短剑叶；F_2-B 剑叶以 29.2 cm 为中间值，大于 29.2 cm 为长剑叶，而小于 29.2 cm 则为短剑叶，划分为长、短两种剑叶类型。

表 2-3　剑叶长聚类分析

类别	平均/cm	变异系数/%	变异范围/cm	频数	频率/%
			F_2-A		
长类型	53.34	4.8	51.3~56.8	4	1.04
中等类型	37.91	10.07	33.4~48.1	91	23.64
短类型	25.98	15.62	13~33.1	290	75.32
			F_2-B		
长类型	44.66	7.51	40.3~53.2	36	12.08
中等类型	34.02	8.18	29.4~40	114	38.26
短类型	24.62	24.62	16~29.2	148	49.66

不同生态区域4类株型的数量分布并不一致（表2-4），在 F_2-A 中呈第三类和第四类数量较多，第一类特别是第二类株型的数量较少；在 F_2-B 中则呈现第一类和第三类数量较多，第四类特别是第二类株型的数量较少。两组合不同生态区域间均呈第三类较多，第二类最少，但在同一组合内区域间分布趋势表现一致。

表 2-4　不同生态区域株型类型数量分布

地点	组合	类别			
		长剑叶、直穗 Cz	长剑叶、弯穗 Cw	短剑叶、直穗 Dz	短剑叶、弯穗 Dw
四川	F_2-A	36	7	54	99
	F_2-B	69	20	50	28
辽宁	F_2-A	36	18	76	63
	F_2-B	43	14	49	22

表 2–5 不同生态条件下产量构成的类型间差异

组合		F_2–A				F_2–B			
类型		长剑叶、弯穗 Cw	长剑叶、直穗 Cz	短剑叶、弯穗 Dw	短剑叶、直穗 Dz	长剑叶、弯穗 Cw	长剑叶、直穗 Cz	短剑叶、弯穗 Dw	短剑叶、直穗 Dz
穗数/m^2	辽宁	265.63 Aa	268.50 Aa	276.42 Aa	243.48 Aa	243.88 Aa	239.70 Aa	271.43 Aa	239.70 Aa
	四川	229.50 ABab	262.29 Aa	222.70 ABab	199.36 Bb	237.94 Aa	240.72 Aa	234.57 Aa	233.88 Aa
千粒重/g	辽宁	24.42 Aa	22.05 Bb	21.71 Bb	21.41 Bb	23.75 Aa	23.66 Aa	23.45 Aa	22.43 Ba
	四川	22.83 Aa	22.40 Aa	21.59 Aa	21.55 Aa	23.25 Aa	23.21 Aa	22.64 Aa	22.55 Aa
穗粒数	辽宁	231.94 Aa	229.98 Aa	214.56 Aa	213.55 Aa	205.59 Aa	204.82 Aa	193.07 Aa	177.29 Aa
	四川	269.48 Aa	253.94 Aa	251.52 Aa	232.29 Aa	214.78 ABa	224.22 Aa	200.20 ABa	187.06 Ba
结实率/%	辽宁	0.88 Aa	0.78 BCb	0.84 ABab	0.75 Cb	0.84 Aa	0.62 Bc	0.78 Aab	0.64 Bbc
	四川	0.80 Aa	0.76 Aa	0.81 Aa	0.76 Aa	0.82 Aa	0.65 Bc	0.79 Aab	0.69 Bbc
产量/kg. m^{-2}	辽宁	1.24 Aa	1.08 ABb	1.12 ABab	0.86 Bb	0.96 Aa	0.67 Ba	0.96 Aa	0.67 Ba
	四川	1.12 Aa	1.09 Aa	1.02 ABa	0.78 Ba	0.98 Aa	0.80 ABab	0.80 ABab	0.66 Bb

注：同列中大小写字母不同分别表示 0.01 和 0.05 显著水平。

三、不同生态条件下产量构成的类型间差异

由表 2-5 可以看出，在产量构成因素方面，不同生态区域间有效穗数表现为 Dz 最低，Cz 和 Cw 较高，但差异大多未达到显著水平；千粒重区域间表现为 Cw>Cz>Dw>Dz，两组合在不同生态区表现基本一致；在结实率方面，各生态区域内两组合表现为 Cw>Cz>Dw>Dz，最高值和最低值之间差异达到了显著或极显著水平；穗粒数方面，不同生态环境条件下，两组合表现 Dz 最低，Cw 和 Cz 较高；产量上则表现为 Cw>Cz>Dw>Dz，差异达到了显著或极显著水平。

第四节　不同生态条件下株型性状与产量构成因素的关系

表 2-6 表明，株高除四川 F_2-A 与穗粒数和产量呈显著正相关外，与其余产量构成因素间相关均未达到显著；穗长只在四川与 F_2-A 产量达到极显著正相关，与其余性状相关不显著；不同生态区内剑叶的长短与产量构成因素间的相关性均未达显著。可见，单纯从 F_2 代群体来看，剑叶的长短对产量并无明显影响；剑叶宽在不同生态区域间均表现与穗粒数呈显著或极显著正相关，同时，在辽宁与结实率呈显著负相关关系，与其他性状相关不显著。剑叶弯曲度除与辽宁有效穗

数、产量相关显著外，与其他性状相关不显著；颈穗弯曲度只在四川分别与结实率、产量相关达显著或极显著正相关外，与其余性状相关不显著，辽宁则表现与大多产量构成因素表现相关不显著。总的来说，株型与产量构成的相关性在不同生态区域表现不尽一致，说明株型与产量构成之间的相关性在不同生态条件下表现有所不同。

表 2-6　不同生态条件下株型性状与产量构成因素的关系

性状	地区	群体	株高	穗长	剑叶长	剑叶宽	剑叶弯曲度	颈穗弯曲度
穗数	四川	F_2-A	0.015	-0.103	0.111	-0.021	-0.023	0.015
		F_2-B	0.101	0.108	0.071	0.002	0.079	0.016
	辽宁	F_2-A	0.053	0.151	0.176	-0.118	0.215*	-0.035
		F_2-B	0.055	0.033	0.014	0.068	-0.049	-0.004
千粒重	四川	F_2-A	0.095	0.105	0.081	-0.089	0.113	0.051
		F_2-B	0.036	0.131	-0.005	-0.039	0.037	0.041
	辽宁	F_2-A	-0.006	0.116	0.018	-0.021	0.156	-0.014
		F_2-B	0.063	0.124	0.12	-0.106	-0.051	0.077
穗粒数	四川	F_2-A	0.187*	0.134	0.138	0.204*	0.034	0.055
		F_2-B	0.065	0.123	-0.037	0.245**	0.087	0.122
	辽宁	F_2-A	0.024	-0.029	-0.113	0.215*	-0.015	0.014
		F_2-B	0.008	0.013	0.012	0.224*	0.076	-0.033
结实率	四川	F_2-A	-0.065	-0.103	-0.089	-0.063	-0.087	0.139*
		F_2-B	0.031	0.134	-0.028	-0.008	0.073	0.286**
	辽宁	F_2-A	0.032	0.042	0.075	-0.203*	0.167	0.03
		F_2-B	0.116	0.91	0.134	-0.152*	-0.037	0.169*

（续表）

性状	地区	群体	株高	穗长	剑叶长	剑叶宽	剑叶弯曲度	颈穗弯曲度
产量	四川	F_2-A	0.192*	-0.019	0.157	0.052	0.027	0.163*
		F_2-B	0.133	0.238**	0.023	0.083	0.121	0.207**
	辽宁	F_2-A	0.000	0.059	0.065	0.104	0.23*	-0.28
		F_2-B	0.115	0.097	0.103	0.013	-0.038	0.076

注：* 和 ** 分别表示达 0.05 和 0.01 显著水平。

第五节　讨　论

一、不同生态环境下株型性状及产量构成的差异

大多数株型性状是由多基因控制的数量性状，受环境的影响较大（范桂芝等，2008；Hittalmani S et al.，2003；徐海等，2009）。Li et al.（2009）研究了江苏南京和云南涛源高产水稻品种产量构成及株型特性比较表明，水稻单产在涛源显著高于南京，主要归功于单位面积穗数和生物产量的提高，同时，短、宽、厚，较小叶角度等叶片特征以及较大的叶面积指数也是重要因素。本试验 2 个籼粳杂交低世代群体材料种植在辽宁和四川，从群体水平上看，株型特性在不同区域间均存在较大差异，而且变化的幅度和方向不尽一致，辽宁的株高、颈穗弯曲度显著高于四川，穗长、剑叶长、剑叶宽和弯曲度两个群体均

表现为四川>辽宁。说明育种工作受地域限制，不同生态条件下株型性状表现有所不同，这也说明水稻杂交低世代个体株型特性在不同生态地域表现出一定的生态适应性。

产量构成各性状大多也是数量性状，生态环境对其影响更大。（韩龙植等，2006）将同一籼粳杂交后代种植于 5 个不同生长环境下研究的结果表明，控制结实率的 QTL 数目因生长环境不同而有较大差异，说明结实率 QTL 与环境有明显的互作效应。（梁康迳等，2000）分析籼粳杂交稻穗部性状的遗传特点的结果表明，除主穗粒数的加性与环境互作和二次枝梗数的显性与环境互作不显著外，其他性状均存在显著和极显著的加性、显性、加性×加性上位性遗传效应及其与环境的互作效应。（徐海等，2009；2007）研究发现，不同生态条件下结实率和千粒重籼粳亚种间差异明显，程氏指数又与结实率和千粒重呈极显著的正相关。在本研究中，辽宁产量构成因素的穗数、千粒重和结实率显著高于四川，产量结构的上述变化，导致辽宁 F_2-A 和 F_2-B 群体平均单株产量都显著高于四川。这可能是由于辽宁灌浆期光照时间长，昼夜温差较大等天气条件利于水稻灌浆，因此，代表籽粒充实度性状的千粒重和结实率辽宁高于高温多湿的四川，从而导致辽宁地区的单株产量显著高于四川。这与前人（Li et al.，2009；徐海等，2009；张庆等，2010；徐正进等，2007）的研究基本一致。从上述论述看，气象因素对水稻株型及产量构成的影响较为显著。

二、不同生态环境下产量构成的类型间差异

徐正进等（2005）研究表明，直立穗型群体光照、温度、湿度、气体扩散等

生态条件优越，群体冠层反射辐射损失少，因此，结实期群体生长率和物质生产量高。国家杂交水稻工程技术中心的超级杂交稻株型模式重点是通过剑叶长、直和穗下垂发挥冠层中剑叶在生育后期群体光合作用于物质生产中的作用，减低重心提高抗倒伏（袁隆平，1997；李宏宇等，2009）。由于不同生态条件下育成的水稻品种大多只适应当地的生态环境和栽培条件，故本实验在用籼粳杂交群体来探讨其生态适应性的问题。本研究结果表明，杂交 F_2 代群体所划分的 4 类株型中，Cw 的株高、剑叶长、剑叶弯曲度、穗长等株型特性均高于 Dz，剑叶宽则是 Dz 宽于 Cw，相互差异显著或极显著，两个籼粳杂交组合表现基本一致。进一步研究籼粳杂交 F_2代群体所划分 4 类株型产量性状差异表明，Cw 的有效穗数、穗粒数、结实率、千粒重以及产量均高于 Dz，表现出明显的优势性。可见，从杂交 F_2 个体水平上看，无论是高纬度的辽宁还是低纬度的四川，直立穗株型模式 Dz 并未表现出优势。这可能是由于 F_2代群体所种植是单株个体而非群体，在个体间相互影响较大，相对于直立、紧凑、矮秆的直立穗型 Dz 并未发挥其优势。综合以上，有必要进一步探讨稳定世代及群体水平下的差异变化及其与籼粳适应性的关系，并明确其生理生态机制。

三、不同生态环境下株型性状与产量构成的关系

水稻的生长离不开具体的生态环境，优良品种潜力的发挥取决于对当地生态条件的利用程度。几十年来，科研工作者对生态环境与产量构成的关系研究较多，并提出了相应的株型模式和生态预测模型，但对籼粳杂交后代群体株型特性

和产量构成间的关系特别是不同生态环境下的关系研究极少。

株型形态性状的变化与产量性状的变化密切关联，直接影响穗“库”结构建成和籽粒充实。徐海等（2009）研究的结果表明，生态环境对籼粳杂交后代的穗部性状有极显著的影响。粳稻和籼稻是由于光温等环境因素的影响而分化形成的不同气候生态型，籼粳亚种特性与生态适应性联系紧密（徐海等，2007；2009）。本研究表明，不同生态条件下株型特性与产量构成因素均表现出一定的相关性，但在不同区域间的表现不尽一致。在四川的育种工作中，可以适当提高株高和增加叶宽来提高穗粒数以及通过加大对穗弯曲程度的选择提高结实率，从而提高产量水平；而在辽宁，则可以在保证一定的结实率的情况下适当增大叶宽和剑叶弯曲度，可以提高产量。在辽宁地区，颈穗弯曲程度与产量构成相关不显著，这可能是直立穗型水稻适应于北方的生理生态基础。总的来看，四川地区更适合株高适当、剑叶相对较宽、穗型更加弯曲的水稻材料，这可能是由于四川寡照、高湿等气候条件所致；而在辽宁，抽穗灌浆期日照时数较强，大气湿度相对较小，所以，更加适合直立大穗型株型材料。产量的提高涉及很多因素，既有制约又有互补，对任一个性状都不是越高越好。因此，在育种实践中，应注意生态环境条件对株型特性与产量性状的影响，做到统筹兼顾，选育出适宜当地生态环境的品种。

第三章
不同生态区杂交 F_2 代亚种属性与株型性状的特点

籼稻和粳稻是亚洲栽培稻的两个亚种，在生物学特性上存在明显差别，在经济性状和生产应用上各有优点（中国稻作学，1984；Tsunoda S，1984）。我国在水稻栽培上是一个籼粳并重的国家，早在两千年前就已认识到有籼粳两亚种的存在，并在漫长的历史过程中形成了南籼北粳的分布（杨守仁等，1996；袁隆平，2002；程侃声，1993）。籼粳稻在株型性特性上有明显差异，南方籼稻区以长剑叶、弯曲穗形态为主；北方粳稻区以短剑叶、直立、半直立穗型居多。以综合亚种优点为目的的籼粳稻杂交已经成为国内外水稻常规育种、特别是高产常规品种选育的重要途径之一（丁颖稻作论文选集编辑组，1983；张尧忠等，1998），也是创造大量株型（包括穗型）变异的来源。株型改良是水稻超高产育种的重要途径（杨守仁等，1959）。自 20 世纪 50 年代（杨守仁等，1996；1959；1962）开创水稻籼粳亚种间杂交育种以来，理想株型选育与优势利用相结合的技术路线得到广泛应用（杨守仁等，1962；张再君等，2003），现已成为水稻超高产育种的重要手段（陈温福等，2001；祁玉良等，2005）。根据生理生态和产量潜力研究结果，国内外提出了一些新株型模式（杨守仁等，1996；Khush et al.，1995；袁隆平，1997；周开达等 1997；黄耀祥，2001）。从具理想株型性状的大量育成品种籼粳血缘上看，仍然呈南籼北粳的布局态势。在无主观意识直接选择的条件下，籼粳稻杂交育成品种基本保持亚种特性，可能是因为亚种特征性状与生态适应相联系，或者与亚种间遗传上某种程度的生殖隔离有关。迄今，对株型与籼粳属性的关系及其生态适应性的相关研究大多集中在生态环境对株型性状的影响（Li et al.，2009；吕川根等，2009；李宏宇等，2009），籼粳属性与经济性状和穗部性状的关系（徐海等，2009；2007）等，但对籼粳属性与株型性状的关系研究较少，特别是在不同生态环境条件下籼粳属性与株型性状的关系报道更少。本研究以杂交 F_2 群体为试材，初步探讨生态条件对分离世代籼粳属性与株型性状关系的影响。

第一节　试验设计与材料

一、材料与生态试验点

试验采用两个杂交 F_2 群体：一个群体亲本是晚轮 422 和沈农 265，以下以 F_2-A 表示；另一个群体亲本是泸恢 99 和沈农 265，以下以 F_2-B 表示。2010 年分别于四川省农业科学院水稻研究所德阳育种基地（N 31°07′、E 104°22′）、辽宁省沈阳农业大学水稻研究所试验田（N 41°80′、E 123°44′）两个不同的生态地区种植。每个组合播种 300 粒种子，辽宁 F_2-A、F_2-B 分别获得 193 个、128 个单株，四川 F_2-A、F_2-B 分 别获得 196 个、167 个单株。四川 4 月 26 日播种，5 月 27 日插秧，行距 19. 8 cm，株距 19. 8 cm，施肥量为每公顷基肥施碳酸氢铵 375 kg、有机磷肥 375 kg、复合肥 375 kg，追肥施尿素 112. 5 kg，合计 165 kg N、82. 5 kg P_2O_5、27 kg K_2O；辽宁 4 月 13 日播种，5 月 15 日插秧，行距为 29. 7 cm，株距为 13. 2 cm，施肥量为每公顷基肥施尿素 150 kg、磷酸二铵 150 kg、钾肥 75 kg，追肥施尿素 150 kg，合计 165 kg N、69 kg P_2O_5、45 kg K_2O。其他栽培管理按当地生产田要求。

二、调查项目

于齐穗后 15~20 天，参照（徐正进，1990）的方法，测定主茎高度、剑叶弯曲度（剑叶与穗下节间夹角）、颈穗弯曲度（剑叶叶枕到穗尖的连线与茎秆延长线的夹角）、穗长、剑叶长、宽。籼粳亚种属性判定采用程氏指数法，调查抽穗时壳色和叶毛性状，成熟期将 F_2 单株所有穗取下风干后，按程氏指数法调查 1~2 穗节长、谷粒长宽比、稃毛、酚反应，分别评分；并根据评分结果划分 4 种类型，即程氏指数 0~8 为籼型（H）、9~13 为偏籼型（H′）、14~17 为偏粳型（K′）、18~24 为粳型（K）。程氏指数法鉴别性状的级别及评分见表 3-1。

表 3-1　程氏指数法鉴别性状的级别及评分

项目	等级及评分				
	0	1	2	3	4
稃毛	短、齐、硬、直、匀	硬、稍齐、稍匀	中或较长、不太齐、略软、或仅有疣状突起	长、稍软、欠齐或不齐	长、乱、软
反应	黑	灰黑或褐黑	灰	边及棱微染	不染
1~2 穗节长	<2 cm	2. 1~2. 5 cm	2. 6~3 cm	3. 1~3. 5 cm	>3. 5 cm
抽穗时壳色	绿白	白绿	黄绿	浅绿	绿
叶毛	甚多	多	中	少	无
籽粒长宽比	>3. 5	3. 1~3. 5	2. 6~3. 0	2. 1~2. 5	<2

注：以 6 个主要性状为指标综合打分，按分值来判断其籼粳属性，总积分≤8 为籼；9~13 为偏籼；14~18 为偏粳；>18 为粳。

三、数据统计

在获取两套组合的程氏指数及其六性状和 6 个株型性状表型值后，利用 spss18.0 软件 bivariate 模块计算所有调查的 13 个性状之间的 Pearson 相关系数及其显著性检验，差异分析利用单因素 Anova 模块分析，其他数据采用 Excel 2003 进行绘图统计。

四、生态区间气象信息

四川、辽宁两地气象资料列于表 3-2，四川从播种到成熟期日平均、最高、最低气温均高于辽宁地区，特别是日平均温度（四川 23.2℃、辽宁 17.8℃）和日最低温度（四川 12.2℃、辽宁-0.3℃）两地差异较大；辽宁日照时数两倍于四川（四川 2.8 h、辽宁 5.8 h）。以上数据由当地气象局提供。

表 3-2　2010 年四川、辽宁地区日平均、最高、最低气温和日照时数

生育时期	区域		区间差
	四川	辽宁	
日平均气温/℃			
播种期—抽穗期	22.4	18.9	3.5
抽穗期—成熟期	24.0	16.7	7.3

（续表）

生育时期	区域		区间差
	四川	辽宁	
播种期—成熟期	23.2	17.8	5.4
日最高温度/℃			
播种期—抽穗期	35.8	34.8	1.0
抽穗期—成熟期	35.0	32.1	2.9
播种期—成熟期	35.4	33.5	1.9
日最低温度/℃			
播种期—抽穗期	9.8	-2.8	12.6
抽穗期—成熟期	14.6	2.3	12.3
播种期—成熟期	12.2	-0.3	12.5
日照时数/h			
播种期—抽穗期	2.5	6.3	-3.8
抽穗期—成熟期	3.1	5.2	-2.1
播种期—成熟期	2.8	5.8	-3

注：表中数据表明各生育时期日平均数据的平均值。a 播种期—抽穗期，四川地区平均 95 d，辽宁地区平均 110 d。b 抽穗期—成熟期，四川地区平均 60 d，辽宁地区平均 65 d。c 播种期—成熟期，四川地区平均 155 d，辽宁地区平均 175 d。

第二节　杂交 F_2 代植株籼粳属性的区域分布

从不同生态环境条件下 F_2 代植株籼粳属性分布可见（图 3-1），无论四川还是辽宁，所有类型间均呈接近正态的连续变异，说明籼粳稻杂交后代的各分离类型间在亚种属性上并无截然分开的界限，籼粳亚种特性可以重新组合。进一步分析可以看出，四川两群体的峰值分别出现在程氏指数 15 和 14，接近籼粳中间类型；在辽宁两群体的峰值分别出现在程氏指数 13 和 10，相对四川总体呈现明显的偏籼分布。

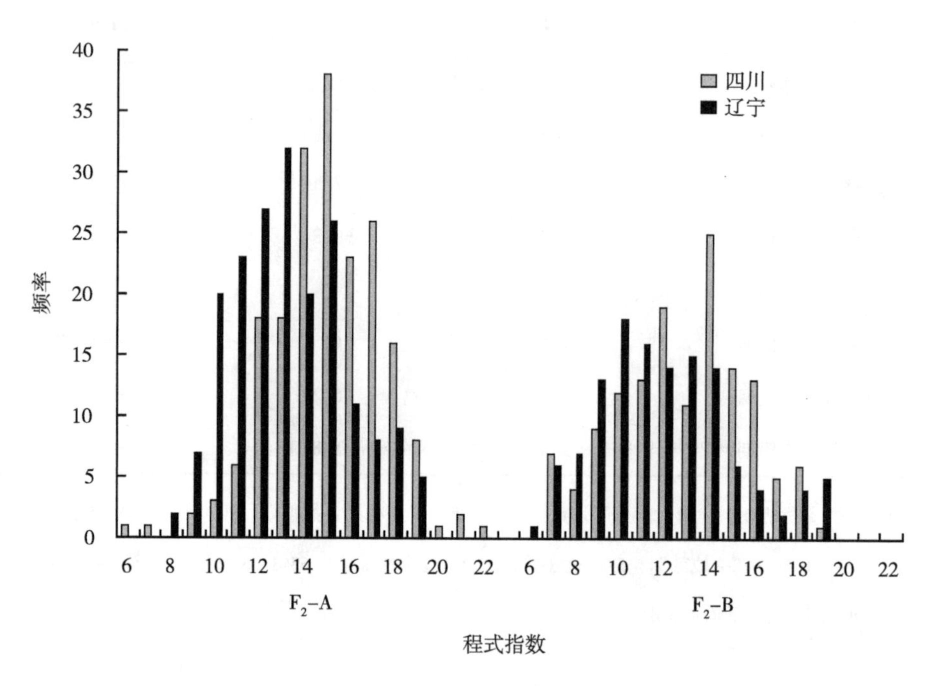

图 3-1　程氏指数的次数分布

从程氏指数构成性状的次数分布上看（表 3-3），稃毛在四川和辽宁都接近正态分布，酚反应、抽穗时壳色呈偏粳分布，F_2-A 叶毛偏籼，F_2-B 偏粳分布，1~2 穗节长呈明显偏籼分布，籽粒长宽比 F_2-A 表现为偏粳分布，F_2-B 两地表现不尽一致。

表 3-3　程氏指数性状区域间差异

性状	组合	区域	级别					平均数	标准差	变异系数(%)	t 值
			0	1	2	3	4				
稃毛	F_2-A	四川	4	41	41	86	24	2.43	1.02	41.84	4.776 **
		辽宁	12	65	54	43	16	1.93	1.08	55.88	
	F_2-B	四川	29	39	51	17	3	1.47	1.02	69.75	-0.437 **
		辽宁	24	33	46	18	4	1.56	1.06	67.82	
叶毛	F_2-A	四川	43	38	41	38	36	1.93	1.42	73.42	3.724 **
		辽宁	54	68	21	28	18	1.41	1.30	92.36	
	F_2-B	四川	6	9	29	38	57	2.94	1.13	38.33	0.018
		辽宁	4	9	28	33	51	2.94	1.10	37.43	
抽穗时壳色	F_2-A	四川	4	6	51	110	25	2.74	0.80	28.96	4.449 **
		辽宁	6	29	63	78	14	2.34	0.93	39.87	
	F_2-B	四川	11	11	36	53	28	2.55	1.14	44.65	0.060
		辽宁	8	10	29	51	27	2.63	1.10	41.94	
酚反应	F_2-A	四川	0	0	1	3	192	3.97	0.19	4.72	3.501 **
		辽宁	0	0	1	21	168	3.88	0.34	8.84	
	F_2-B	四川	1	13	54	38	33	2.64	0.97	36.76	1.544 **
		辽宁	0	26	41	38	20	2.42	0.99	41.12	
1~2 穗节长	F_2-A	四川	74	80	29	8	5	0.93	0.96	103.18	2.494 **
		辽宁	97	65	22	3	3	0.68	0.86	125.36	
	F_2-B	四川	64	45	21	7	1	0.81	0.92	113.92	0.713 **
		辽宁	77	23	12	4	9	0.76	1.20	158.00	
籽粒长宽比	F_2-A	四川	0	0	24	161	11	2.93	0.42	14.26	-1.04 **
		辽宁	0	1	15	160	14	2.98	0.42	13.99	
	F_2-B	四川	3	0	79	56	1	2.37	0.62	25.99	8.724 **
		辽宁	1	63	52	3	6	1.60	0.77	48.28	

注：* 和 ** 分别表示达 0.05 和 0.01 显著水平。

程氏指数构成性状中1~2穗节长、酚反应四川极显著高于辽宁，两群体表现一致；F_2-A四川稃毛、叶毛、抽穗时壳色极显著高于辽宁，F_2-B辽宁稃毛极显著高于四川，叶毛、抽穗时壳色差异不显著。总体上看，除F_2-B叶毛和抽穗时壳色外，辽宁与四川程氏指数构成性状均存在显著差异，共同决定了辽宁与四川程氏指数分布的差异。

第三节　不同生态条件下株型性状差异

F_2-A与F_2-B具不同株型特性的个体组成有明显不同。四川到辽宁，株高和颈穗弯曲度显著提高，而穗长、剑叶长、剑叶宽及剑叶弯曲度均表现为降低趋势，其中剑叶宽和剑叶弯曲度变化趋势达到了显著水平，两个群体间表现基本一致。结果表明，不同生态条件下株型特性差异变化的方向基本一致，也说明生态环境条件是影响株型特性差异的主要原因。

按程氏指数分别将F_2-A和F_2-B分成籼、偏籼、偏粳、粳4种类型（图3-2）。从图3-2可以看出：四川F_2-A株高籼型显著高于其他类型，但是总体上不同地区株高的类型间差异没有明显规律性；除四川F_2-B外，剑叶长均表现为籼型显著大于其他类型，而其他类型之间没有显著差异；剑叶弯曲度除辽宁F_2-A籼型显著高于其他类型外，地区间合类型间均无显著差异，不同地区剑叶宽的类型间差异因组合而异；尽管显著性水平不同，但是总体上不同地区从籼型到粳型，均有穗长递减而颈穗弯曲度递增的趋势。

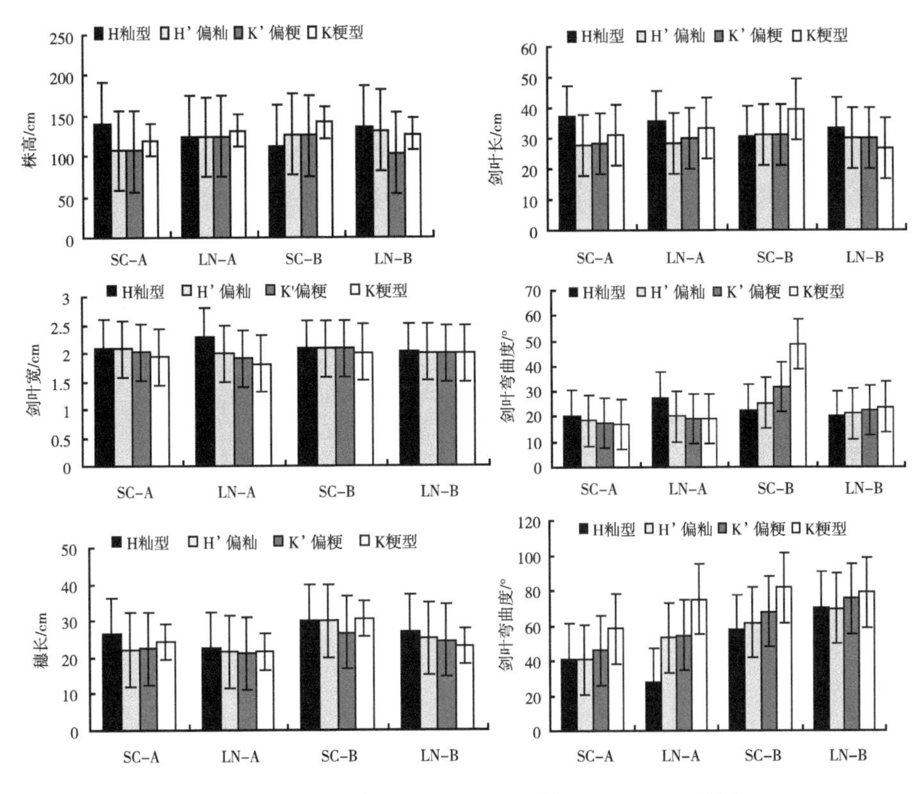

SC-A：四川 F_2-A；LN-A：辽宁 F_2-A；SC-B：四川 F_2-B；LN-B：辽宁 F_2-B

图 3-2　不同籼粳类型间株型性状的差异

第四节　生态环境对籼粳属性与株型性状关系的影响

表 3-4 表明，四川地区程氏指数与株高、颈穗弯曲度呈显著正相关，辽宁相关不显著。F_2-A 程氏指数与剑叶宽呈极显著负相关关系，而 F_2-B 相关不显著，

两组间表现并不一致。程氏指数与剑叶长、穗长、株高相关大多不显著。在程氏指数六性状中，稃毛、酚反应和籽粒长宽比与株型各性状相关均不显著。叶毛与剑叶宽呈负相关关系，F_2-B 达到了显著水平。抽穗时壳色只在四川与穗长呈显著负相关，与其余株型性状大多相关不显著。值得注意的是，1~2 穗节长与株高、剑叶长、剑叶弯曲度、穗长、颈穗弯曲度的正相关以及与剑叶宽的负相关基本都达到极显著或显著水平，可能是因为 1~2 穗节长本身属于株型性状的缘故。

表 3-4　不同生态条件下籼粳属性与株型性状间的关系

程氏指数	区域	组合	株高	剑叶长	剑叶宽	剑叶弯曲度	穗长	颈穗弯曲度
程氏指数	四川	F_2-A	0.136*	0.104	-0.218**	-0.077	0.132	0.144*
		F_2-B	0.192*	0.128	0.083	0.219**	-0.040	0.182*
	辽宁	F_2-A	0.082	0.179*	-0.237**	-0.027	0.150*	0.133
		F_2-B	-0.063	-0.095	0.016	0.113	-0.120	0.113
稃毛	四川	F_2-A	-0.016	-0.041	0.160*	-0.026	-0.112	-0.052
		F_2-B	-0.004	-0.041	0.060	0.018	-0.053	0.009
	辽宁	F_2-A	-0.015	-0.044	0.016	-0.043	-0.025	0.031
		F_2-B	-0.102	-0.021	0.035	-0.208*	-0.227*	-0.188*
叶毛	四川	F_2-A	-0.010	0.028	-0.202**	-0.106	-0.022	-0.006
		F_2-B	0.167*	0.005	-0.010	0.043	-0.049	0.122
	辽宁	F_2-A	0.025	0.105	-0.174*	-0.096	0.099	0.065
		F_2-B	-0.232**	-0.311**	-0.087	0.008	-0.165	0.013
抽穗时壳色	四川	F_2-A	0.001	-0.085	-0.066	-0.144*	-0.081	0.024
		F_2-B	0.022	0.036	-0.005	-0.175*	-0.031	0.108
	辽宁	F_2-A	-0.182*	-0.092	-0.052	-0.022	-0.074	-0.104
		F_2-B	-0.015	-0.059	-0.042	0.018	-0.125	0.052

（续表）

程氏指数	区域	组合	株高	剑叶长	剑叶宽	剑叶弯曲度	穗长	颈穗弯曲度
酚反应	四川	F_2-A	-0.059	-0.088	-0.095	0.010	-0.063	0.005
		F_2-B	0.040	0.100	0.223**	0.138	-0.035	0.020
	辽宁	F_2-A	0.068	0.113	-0.040	0.041	0.048	0.011
		F_2-B	-0.004	0.140	0.081	-0.015	0.001	0.016
1~2 穗节长	四川	F_2-A	0.357**	0.391**	-0.351**	0.132	0.586**	0.375**
		F_2-B	0.359**	0.296**	-0.006	0.235**	0.015	0.302**
	辽宁	F_2-A	0.411**	0.529**	-0.398**	0.166*	0.425**	0.322**
		F_2-B	0.226*	0.272**	0.091	-0.083	0.139	0.377**
稃粒长宽比	四川	F_2-A	-0.092	-0.069	-0.027	-0.066	-0.031	0.094
		F_2-B	-0.047	-0.014	-0.019	0.016	0.079	-0.070
	辽宁	F_2-A	-0.039	-0.114	0.008	-0.085	-0.101	0.060
		F_2-B	0.054	-0.112	-0.045	-0.052	0.031	-0.028

注：* 和 ** 分别表示达 0.05 和 0.01 显著水平。

第五节　讨　论

一、生态环境对杂交 F_2 代植株亚种属性的影响

籼粳亚种特性与生态适应性联系紧密，籼稻多分布于低纬度低海拔的南方，耐湿耐热耐弱光，粳稻多分布于高纬度高海拔的北方，耐旱耐寒耐强光（中国稻作学，1984），二者在外部形态和内部生理结构方面都有明显的差异，这种差异

来自长期的自然选择和人为选择以及二者的相互作用。籼粳稻杂交 F_1 代表现为偏籼型，F_2 代接近正态分布，籼型和母本的影响略大于粳型和父本（徐正进等，2003）。徐海等（2007）研究发现，籼粳稻杂交重组自交系的亚种属性在不同生态区域发生了明显的变化，总体上低纬度四川地区表现比高纬度辽宁地区更加偏粳。本研究结果表明，籼粳稻杂交 F_2 代植株亚种属性的分离不尽一致，但所有类型间均呈连续变异；辽宁地区表现为偏籼分布，四川地区则籼粳中间类型居多，与上述研究结果趋势一致。说明籼粳稻杂交 F_2 代植株的各分离类型间在亚种属性上并无截然分开的界限，籼粳亚种特性可以重新组合；也表明生态环境对籼粳稻杂交 F_2 代植株亚种特性的分布并无明显影响，遗传因素起决定作用。但近年来的育种实践显示，北方利用籼粳稻杂交育成的大量品种仍然保持典型的粳稻特征性状，而育种过程中并未对籼粳特性进行刻意选择。分析其原因，随着杂交群体世代的逐渐稳定，只有适应不同区域生态环境和种植制度的基因型才能存活下来，如偏籼型中对光周期敏感、不耐寒的基因型在长日照、早春低温的北方地区会逐渐被淘汰。由此推论，北方籼粳稻杂交育种即使不按粳稻的特征性状进行人为选择，所选品种属性仍会明显偏粳（徐海等 2007）。而随着分子标记等技术的发展，可能会逐步打破这种格局，实现籼粳亚种间有利基因的高效相互利用。本研究同时发现，程氏指数六性状中稃毛在两地接近正态分布，酚反应和抽穗时壳色呈偏粳分布，1~2 穗节长呈明显的偏籼分布，表明生态环境对以上性状影响较小；叶毛和籽粒长宽比在不同生态环境下两个群体分布不尽一致。这可能是由于在人为构建籼粳稻杂交组合后代中，程氏指数六性状对不同生态环境适应性的反应、变化方向和程度不尽一致。基因间的连锁互作以及环境效应，使这些性状表现趋于复杂。虽然各分类性状表现不同的分布类型，但程氏分类指数表现出正态分布，即偏籼偏粳的中间型占绝大多数。目前北方稻区利用籼粳稻杂交、综合亚种优势育成品种中均存在一定的籼性血缘，这对北方水稻产量的提高，形态与机能的改进均存在一定的正向作用（杨守仁等，1959；吕川根等，2009）。但籼粳稻杂交育种相互利用了另一亚种的哪些有利基因并不十分清楚（顾铭洪等，2010）。因此，有必要进一步深入研究籼粳分化遗传规律及其生理生态基础。

二、生态环境对株型性状及其与籼粳属性关系的影响

生态环境对籼粳稻杂交后代株型性状的影响是多方面的，两群体在两地区间存在许多变化不一致的地方，这可能与不同籼粳组合株型性状的构成特点及基因型对环境反应的敏感性差异有关。大多数株型性状是由多基因控制的数量性状，受环境的影响较大（吕川根等，2009；李宏宇等，2009；范桂枝等，2008；Hittalmani et al.，2003）。本试验两个籼粳杂交低世代群体材料种植在辽宁和四川，株型特性在不同区域间均存在较大差异，而且变化的幅度和方向不尽一致，辽宁的株高、颈穗弯曲度显著高于四川，穗长、剑叶长、剑叶宽和弯曲度两个群体均表现为四川>辽宁。这可能是由于在四川稻区高温、阴雨、云雾多、日照时数较少的生态条件下，长穗、长而宽叶片更有利于高产（袁隆平，1997；周开达等，1997）；而在日照时数较高，大气相对湿度较小的辽宁稻区，紧凑的叶片形态更具优势。说明育种工作受地域限制，不同生态条件下高产株型模式表现有所不同（杨守仁等，1996；袁隆平，1997；周开达等，1997），这也说明杂交低世代个体株型特性在不同生态地域表现出一定的生态

适应性。

目前，对籼粳稻杂交后代籼粳属性的研究大多集中在杂交后代籼粳分化，籼粳杂交后亚种属性与经济性状、品质性状的关系以及生态环境对其影响等方面（Li et al.，2009；徐海等，2007；2009）。而对籼粳稻杂交后代植株株型性状比较及其与籼粳属性关系研究较为少见，特别是不同生态环境条件下比较的研究报道更少。从当前具理想株型性状育成品种籼粳血缘上看，籼粳属性与株型模式存在一定的联系。南方超级杂交稻株型模式、广东半矮秆丛生型模式以及四川重穗型株型模式均表现籼型、弯曲穗、长剑叶；北方直立穗型株型模式，表现为粳型、直立穗、短剑叶。总体而言，仍然呈南籼北粳的布局态势。本研究表明，低纬度四川稻区籼粳稻杂交 F_2 代植株亚种属性与株高、颈穗弯曲度呈显著正相关，而高纬度辽宁稻区相关不显著，剑叶长和穗长等重要株型性状在两地与程氏指数相关大多不显著。从不同生态条件下 F_2 代亚种属性与株型性状的关系上看，可以认为低纬度的四川籼稻区应表现株高略矮、穗的弯曲程度较小，而在高纬度的辽宁粳稻区对主要株型性状的要求相对比较宽松。但从目前具理想株型性状的品种上看，低纬度籼稻区大多呈弯曲穗型，高纬度北方粳稻区大多呈直立或半直立穗型。分析其原因，可能是由于在长期自然进化和育种实践过程中，具弯曲穗型的籼稻品种更加适应南方籼稻区的寡照、高温等气候条件；而直立穗型品种在日照时数较高，温度较低以及昼夜温差较大的北方粳稻区表现更具优势（徐正进等，2004）。本文籼粳属性与株型性状的相关性与不同地区类型间差异分析结果不尽一致，也在一定程度反映了这个问题。

综上所述，本试验以杂交 F_2 代分离世代为试材，初步证明生态环境与株型模式存在一定关系（Li et al.，2009；吕川根等，2009），但是与籼粳属性的关系有待于进一步用更多材料验证。为进一步明确不同株型模式生态适应性的生理生态基础，有必要探讨稳定世代群体条件下生态条件对籼粳属性与株型性状关系的影响。

第四章
多环境条件下水稻杂交后代株型、产量构成差异及其相互关系比较

水稻为世界人口提供了一半以上的粮食来源，90% 以上的稻谷产量来自亚洲。为了满足经济发展和人口持续增长的需求，世界稻谷的产量必须保持 1% 的年增长（Rosegrant et al.，1995）。尽管中国的水稻生产在不同的年季间出现大规模的波动，中国的水稻生产在世界范围内被认为是至关重要的（Xu et al.，2010）。但随着城市化的发展，可耕种土地转变成了城市用地，进一步增加水稻种植面积是十分困难的（Horie et al.，2005）。因此，提高水稻单产潜力，保证中国稻米总产量平衡对于增加粮食安全有着举足轻重的作用，也是今后几十年中国育种家稻作科研与生产的主攻方向。

提高水稻产量已是水稻育种最主要的目的（Peng et al.，2008）。而水稻理想株型育种在提高水稻产量过程中具有重要意义。Tsunoda（1959a，b，1960，1962）研究表明，株型与产量潜力具有明显的联系，例如：具高产潜力和较高 N 肥利用率的品种表现短而粗壮的茎秆，叶片直立、短、窄、厚以及深绿色。Donald（1968）将作物理想株型定义为，在现有作物生理和形态学理论基础之上，具较强光合系统，较大生长量以及较高产量多个农艺性状的综合。根据生理生态和产量潜力研究结果，国内外提出了以下一些理想株型模式。国际水稻研究所提出的新株型模式（NPT），新株型的设计主要基于模型模拟结果以及在育种过程中相对于生理性状较容易选择的形态性状（Peng et al.，1994），其特征是少蘖、大穗强秆、叶挺直、根系活力强。黄耀祥等（2001）提出“早长、丛生型”株型模式，并于 20 世纪 80 年代育成了耐阴、适合密植栽培的 Guichao 和 Teqing 等品种，在华南稻区有广泛的种植。在中国超级杂交稻育种计划中，（袁隆平，2001）以亚种间杂交优势利用和理想株型相结合为主要策略，提出了超级杂交稻株型模式。（杨守仁等，1996）提出，进一步增加水稻产量潜力必须通过理想株型改良与优势利用相结合，并在北方稻区培育出了具有以上特性的直立大穗型品种沈农 265。（周开达等，1995）认为，亚种间重穗型组合的选育是实现超高产育种的重要途径，在此基础上培育出适合四川地区高温、高湿、寡照的三系杂交水稻品种。

理论和实践均已证明，超级杂交稻株型模式和北方直立大穗型模式，是实现水稻超高产的有效途径（Peng et al.，2008；陈温福等，2001）。综合分析认为，北方直立穗株型模式比较适合结实期天气好、穗数水平较高的北方常规粳稻，而超级杂交稻株型模式则更适合高温多雨、穗数水平相对较低的南方杂交籼稻（徐正进等，2004）。超级杂交稻株型模式和北方直立大穗型株型模式与过去水稻株型相比有明显特色，以形态性状为主，同时兼顾生理功能，在系统生理生态研究基础之上建立了具体的指标体系，而且已经育成品种并在生产上大面积推广。因此，明确生态环境对株型模式、产量构成因素及其相互关系的影响，对理想株型育种和栽培管理实践具有一定的指导意义。迄今，很少见籼粳亚种间杂交后代的株型模式随环境条件变化方面的研究报道。

本研究以水稻杂交后代为材料，分别在华南稻区、西南稻区、长江中下游稻区以及东北稻区种植，主要明确生态环境对水稻杂交后代株型性状及其产量结构的影响，比较分析了不同生态条件下株型特性的差异，讨论了不同生态区域株型特性的差异及其与产量构成的关系。

第一节　试验设计与材料

试验于 2012 年分别在广州（N 23°17′、E 113°32′），4 月上旬到 8 月下旬在广东省农业科学院白云基地种植；德阳（N 31°07′、E 104°22′），4 月下旬到 9 月中旬在四川省农业科学院水稻所德阳基地种植；上海（N 31°14′、E 121°29′），5 月上旬到 10 月中旬在上海市农业科学院庄行基地种植和沈阳（N 41°80′、E 123°44′），4 月下旬到 10 月上旬在辽宁省沈阳农业大学水稻研究所基地种植。

试验采用 2 个弯曲穗型品种与 2 个直立穗品种杂交衍生的重组自交系 F_6、F_7 代群体。一群体（F_7）的亲本是弯曲穗型晚轮 422 和直立穗型辽粳 5 号，以下以 RILs-A 代替，另一群体（F_6）的亲本是弯曲穗型泸恢 99 和直立穗型沈农 265，以下以 RILs-B 代替。4 个生态区均栽植 3 行区，每行 10 株，共 30 株，行距为 30 cm，株距为 13.3 cm。广东广州基地，4 月 10 日播种，5 月 10 日插秧；四川德阳基地，4 月 20 日播种，5 月 20 日插秧；辽宁沈阳农业大学水稻研究所基地，4 月 10 日播种，5 月 15 日插秧；上海庄行基地，5 月 20 日播种，6 月 20 日插秧。小区按株高编号顺序排列，未设重复。

广东的施肥量为每公顷基肥施尿素 150 kg、复合肥 375 kg，追肥施复合肥 300 kg，合 165 kg N、82.5 kg P_2O_5、52.5 kg K_2O。四川的施肥量为每公顷基肥施碳酸氢铵 375 kg、有机磷肥 375 kg、复合肥 375 kg，追肥施尿素 112.5 kg，合 165 kg N、82.5 kg P_2O_5、27 kg K_2O；上海每公顷基肥施尿素 150 kg、BB 复合肥 375 kg，追肥施 BB 复合肥 300 kg，合 165 kg N、82.5 kg P_2O_5、52.5 kg K_2O。辽宁的施肥量为每公顷基肥施尿素 150 kg，磷酸二铵 150 kg，钾肥 75 kg，追肥施尿素 150 kg，合 165 kg N、69 kg P_2O_5、45 kg K_2O，四地肥力水平基本相当。除了以上化学肥料的施用外，田间管理和试验方法四个生态区是基本一致。肥水管理以及田间杂草和病虫害的控制在对产量影响最小水平。

2012年于齐穗后15~20天参照（徐正进，1990）的方法，测定具有代表性植株5株的高度、剑叶弯曲度（剑叶与穗下节间夹角）、颈穗弯曲度（剑叶叶枕到穗尖的连线与茎秆延长线的夹角）、穗长、剑叶长、宽；成熟期取5株，调查有效穗数、每穗粒数，并手工脱粒，利用风选筛选出饱满粒，计算结实率、千粒重和产量。

根据剑叶长度的聚类结果（表4-1），划分为长剑叶和短剑叶两种剑叶类型，具体标准：RILs-A剑叶以大于33.73 cm为长剑叶类型，小于该值的划为短剑叶类型；RILs-B则以35.16 cm为中间值，大于该值的则为长剑叶类型，小于该值的划分为短剑叶类型。将颈穗弯曲度按（徐正进，1990）方法划为直立穗型和弯曲穗型，即颈穗弯曲度小于50度为直立穗型，大于50度的则归为弯曲穗型。按剑叶长度和穗型将两群体划分以下4种株型类型（图4-1），第一类（Dw）：短剑叶、弯穗；第二类（Dz）：短剑叶、直穗；第三类（Cw）：长剑叶、弯穗；第四类（Cz）：长剑叶、直穗。

表4-1　剑叶长度的聚类分析

类别	平均/cm	变异系数/%	变异范围/cm	频数	频率/%
			RILs-A		
长类型	39.95	11.21	33.86~54.86	307	52.93
短类型	28.09	15.03	15.92~33.73	273	47.07
			RILs-B		
长类型	42.43	13.54	35.28~63.9	168	33.14
短类型	27.63	15.65	15.08~35.16	339	66.86

采用SPSS18.0软件Hierarchical Cluster Between-groups linkage方法，将剑叶长平均值进行聚类分析，差异分析利用单因素Anova模块处理，其他数据采用Excel 2003进行绘图等统计。

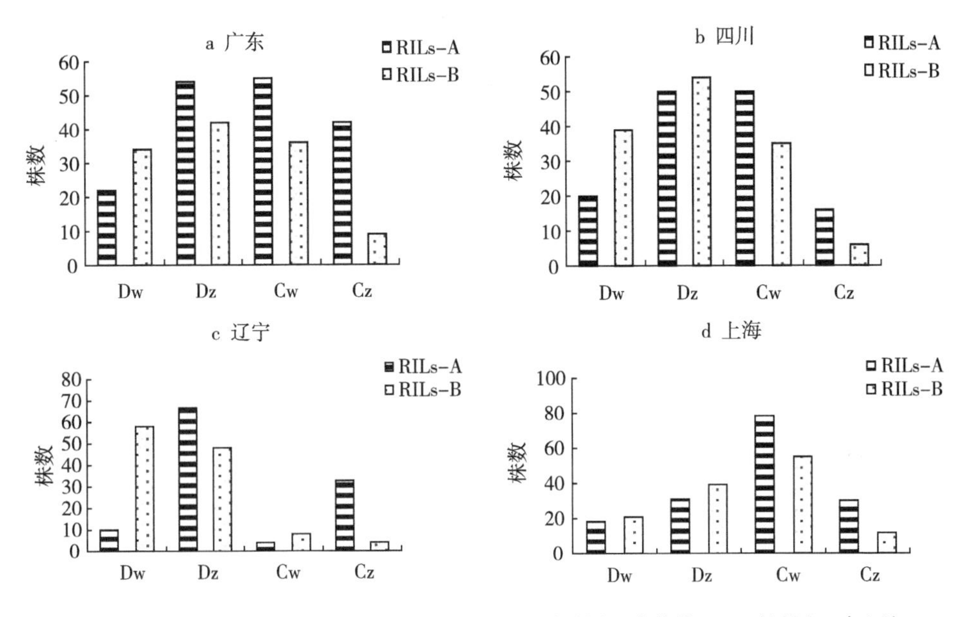

Dw：短剑叶、弯曲穗；Dz：短剑叶、直立穗；Cw：长剑叶、弯曲穗；Cz：长剑叶、直立穗

图 4-1　不同生态区域株型类型数量分布

第二节　不同生态区气象因子差异变化

温度、日照时数和相对湿度的季节变化列于表 4-2。广东 2012 年水稻全生育时期的日平均温度为 27.50℃，四川为 23.40℃，辽宁为 19.68℃，上海为 24.82℃。辽宁地区的最高温度显著低于其他生态区，从播种到成熟期的平均日最高温度为 25.44℃，广东地区最高，为 34.80℃，四川为 31.88℃，上海则为 31.50℃。全生育期日平均最低温度同样表现为辽宁最低，为 14.24℃，广东地区为 23.04℃，四川为 17.96℃，上海地区为 19.26℃。从播种期到成熟期间日照时

数表现为辽宁明显高于其他生态区域，达到7.49 h，四川最低，为3.47 h，不到辽宁地区的50%，广东地区达到4.87 h，上海地区为5.71 h。日相对湿度表现为广东>四川>上海>辽宁，在水稻生育前期这种差异更为明显，日相对湿度在4个生态区分别为85.19%，83.92%，72.85%和72.64%。

表4-2 广东、四川、辽宁、上海地区2012年日平均、最高、最低气温，日照时数和日相对湿度

生育时期	区域			
	广东	四川	辽宁	上海
日平均气温/℃				
播种期—抽穗期	26.76	22.66	20.00	27.03
抽穗期—成熟期	28.69	24.14	19.36	22.61
播种期—成熟期	27.50	23.40	19.68	24.82
日最高温度/℃				
播种期—抽穗期	35.70	33.80	25.53	38.30
抽穗期—成熟期	36.80	36.40	25.34	34.40
播种期—成熟期	36.80	36.40	25.44	38.30
日最低温度/℃				
播种期—抽穗期	17.80	11.90	14.30	14.90
抽穗期—成熟期	23.20	14.70	14.17	11.10
播种期—成熟期	17.80	11.90	14.24	11.10
日照时数/h				
播种期—抽穗期	3.87	3.11	7.57	5.49
抽穗期—成熟期	6.49	3.83	7.41	5.93

（续表）

生育时期	区域			
	广东	四川	辽宁	上海
播种期—成熟期	4.87	3.47	7.49	5.71
日相对湿度/%				
播种期—抽穗期	85.95	82.70	66.10	73.90
抽穗期—成熟期	83.98	85.14	79.18	71.75
播种期—成熟期	85.19	83.92	72.64	72.85

注：表中数据表明各生育时期日平均数据的平均值。a 播种期—抽穗期，广东地区平均 80 d，四川地区平均 95 d，辽宁地区平均 110 d，上海地区平均 95 d。b 抽穗期—成熟期，广东地区平均 50 d，四川地区平均 60 d，辽宁地区平均 65 d，上海地区平均 60 d。c 播种期—成熟期，广东地区平均 130 d，四川地区平均 155 d，辽宁地区平均 175 d，上海地区平均 155 d。

第三节　不同生态环境条件下株型性状差异比较

不同生态环境条件下株型性状差异比较（图 4-2）。株高表现为四川、辽宁显著（$P<0.05$）高于上海和广东；穗长区域间呈上海>四川>广东>辽宁的趋势，其中上海与辽宁的差异达显著水平；不同生态区域间剑叶长表现为上海>广东>四川>辽宁，差异达显著水平；剑叶宽两个群体呈四川>辽宁>上海>广东，四川、辽宁与上海、广东的差异达到了显著水平；剑叶弯曲度表现为辽宁、广东高于上海和四川地区，其中与四川地区的差异呈极显著水平（$P<0.01$）。说明生态

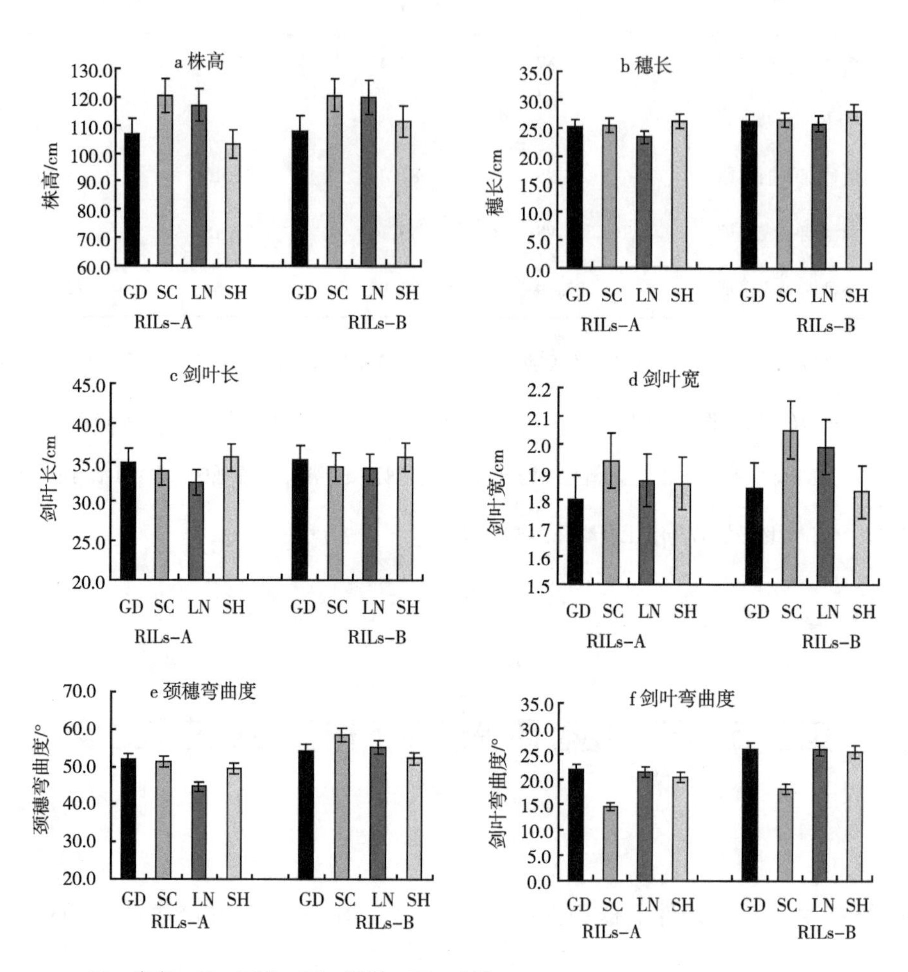

图 4-2　株型性状的区域差异

条件对以上性状有较为显著的影响。两群体颈穗弯曲度在不同环境条件下表现有所不同，RILs-A 呈广东>四川>上海>辽宁的趋势，RILs-B 则表现为四川>辽宁>广东>上海，说明颈穗弯曲度在不同环境条件下的差异因组合而异。

第四节　不同生态环境条件下产量差异比较

一、区域间产量差比较

在产量构成因素中，辽宁、上海穗数显著高于广东和四川地区，差异达极显著水平（图 4-3）；穗粒数、结实率表现为辽宁>四川>上海>广东的趋势，辽宁、四川与上海、广东的差异达到了显著水平；千粒重上海最低，四川最高，差异显著；由以上产量构成因素差异表现上发现，不同生态环境条件下产量呈高纬度向低纬度下降趋势，表现为辽宁>四川>上海>广东，区域间差异达显著水平（$P<0.01$），说明生态环境影对产量及其构成因素有较为显著的影响。

二、不同区域不同株型类型间产量差异比较

按剑叶长短和穗型分别将 RILs-A 和 RILs-B 分成短剑叶、弯曲穗型（Dw）；短剑叶、直立穗型（Dz）；长剑叶、弯曲穗型（Cw）和长剑叶、直立穗型（Cz）4 种株型类型（表 4-3）。从表 4-3 可以看出：在辽宁地区产量以 Dz 最高，其他生态区域则表现为 Cw 高于其他类型；千粒重除广东 RILs-B 外，均以 Dz 低

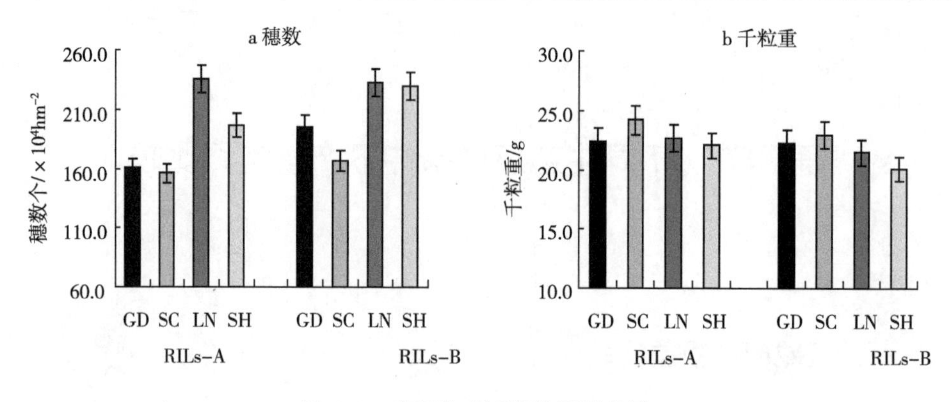

图 4-3　产量构成因素的区域差异

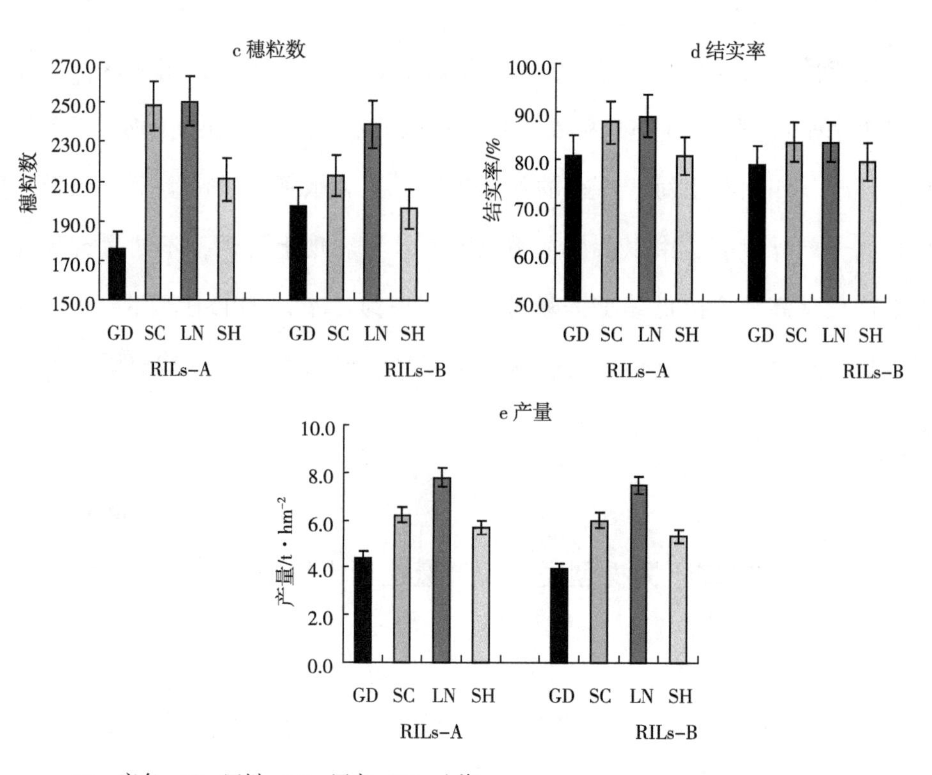

GD：广东；SC：四川；LN：辽宁；SH：上海

图 4-3　产量构成因素的区域差异（续）

表 4-3　不同株型类型产量构成的区域间差异

组合		RILs-A				RILs-B			
类型		Dw	Dz	Cw	Cz	Dw	Dz	Cw	Cz
穗数个/10^4hm^{-2}	广东	175.08 Aa	152.43 Bb	163.83 ABab	150.19 Bb	202.09 Bab	179.03 BCb	172.41 Cb	230.07 Aa
	四川	157.59 Aa	158.93 Aa	150.04 Aa	156.40 Aa	167.25 Aa	174.44 Aa	162.03 Aa	161.50 Aa
	辽宁	217.77 Aa	226.99 Aa	251.18 Aa	245.42 Aa	234.39 ABa	260.84 Aa	202.09 Ba	234.60 ABa
	上海	201.45 Aa	189.85 Aa	203.54 Aa	190.57 Aa	255.93 Aa	222.96 ABa	233.02 ABa	208.25 Ba
千粒重/g	广东	21.93 BCa	21.80 Ca	23.06 Aa	22.93 ABa	21.97 ABa	21.96 ABa	21.48 Ba	23.51 Aa
	四川	23.59 Aa	22.97 Aa	24.61 Aa	25.73 Aa	22.60 Bab	21.46 Bb	22.84 ABab	24.67 Aa
	辽宁	22.38 Aa	22.17 Aa	22.60 Aa	23.62 Aa	22.24 Aa	20.94 Aa	21.64 Aa	21.01 Aa
	上海	22.02 Aa	20.26 Bb	22.76 Aa	23.12 Aa	20.23 Aa	19.53 Aa	20.71 Aa	20.02 Aa
穗粒数	广东	178.66 Aa	175.26 Aa	173.68 Aa	175.04 Aa	186.07 Bab	200.87 ABab	224.04 Aa	177.69 Bb
	四川	244.15 Aa	256.22 Aa	258.26 Aa	234.43 Aa	188.50 Ba	208.29 ABa	221.21 ABa	234.03 Aa
	辽宁	266.40 Aa	259.96 Aa	232.05 Aa	243.31 Aa	229.54 Aa	236.69 Aa	255.90 Aa	243.70 Aa
	上海	204.23 Aa	210.61 Aa	211.85 Aa	216.88 Aa	174.80 Ca	183.01 BCa	208.92 ABa	218.96 Aa
结实率/%	广东	81.48 ABa	78.87 Ba	83.30 Aa	79.18 Ba	81.13 Aa	78.67 Aab	85.71 Aa	70.19 Bb
	四川	89.09 Aa	85.63 Aa	87.27 Aa	88.36 Aa	86.55 Aa	83.77 Aab	85.47 Aab	78.63 Bb
	辽宁	88.57 Aa	88.33 Aa	91.54 Aa	87.37 Aa	87.11 Aa	79.24 Ba	84.47 ABa	83.06 ABa
	上海	78.53 Aa	81.31 Aa	81.40 Aa	81.04 Aa	81.15 Aa	79.81 Aa	78.78 Aa	77.84 Aa
产量/$t \cdot hm^{-2}$	广东	4.78 Aa	3.94 Bb	4.80 Aa	4.16 Bb	3.80 ABa	3.40 Ba	4.30 Aa	4.26 Aa
	四川	6.20 Aa	6.36 Aa	6.36 Aa	5.92 Aa	5.64 Aa	5.64 Aa	6.40 Aa	6.38 Aa
	辽宁	6.94 Aa	8.10 Aa	8.09 Aa	8.04 Aa	7.56 Aa	7.58 Aa	7.28 Aa	7.57 Aa
	上海	5.40 BCa	5.24 Ca	6.06 Aa	5.94 ABa	5.42 ABa	4.64 Ba	5.86 Aa	5.32 ABa

注：大写字母为 0.01 显著水平；小写字母为 0.05 显著水平。Dw：短剑叶、弯曲穗；Dz：短剑叶、直立穗；Cw：长剑叶、弯曲穗；Cz：长剑叶、直立穗。

于其他类型，而在 RILs-A 中以 Cw、Cz 较高，但在 RILs-B 中广东、四川以 Cz 最高，辽宁和上海则以 Cw、Dw 较高，最高与最低间差异显著；上海穗粒数表现为 Cz>Cw>Dz>Dw，但两群体间显著水平不同，其他地区和组合类型间差异变化和显著水平无明显规律；不同生态条件下穗数和结实率类型间差异因组合而异。

三、不同区域不同株型类型间产量因素间相互关系

表 4-4 表明，不同生态条件下株型性状与产量以及产量构成因素间存在一定关系。广东产量与株高呈负相关，而在四川、辽宁和上海呈正向相关，其中上海地区达到了极显著水平（$P<0.01$）；广东、上海地区产量与穗长、剑叶长、剑叶弯曲度呈显著正相关，辽宁和四川的相关性则因组合而异；多生态环境条件下产量与剑叶宽、颈穗弯曲度相关方向和程度因组合不同表现不一致。剑叶宽与穗粒数呈极显著正相关，与结实率呈负相关；千粒重与株高、穗长以及剑叶长表现正

表 4-4 不同生态条件下株型性状与产量构成因素的关系

性状	地区	群体	株高	穗长	剑叶长	剑叶宽	剑叶弯曲度	颈穗弯曲度
穗数	广东	RILs-A	-0.044	-0.010	-0.039	-0.249**	0.218**	0.120
		RILs-B	-0.327**	-0.206*	-0.204*	-0.146	-0.082	-0.005
	四川	RILs-A	0.001	0.033	-0.169	-0.354**	-0.060	0.060
		RILs-B	-0.364**	-0.221*	-0.306**	-0.127	-0.189*	-0.293**
	辽宁	RILs-A	0.124	0.256**	0.246**	0.015	0.132	0.402**
		RILs-B	-0.370**	-0.322**	-0.328**	-0.073	-0.355**	-0.239**
	上海	RILs-A	0.010	-0.010	-0.051	-0.350**	0.186*	0.143
		RILs-B	-0.203*	-0.137	-0.165	-0.330**	0.033	0.08

（续表）

性状	地区	群体	株高	穗长	剑叶长	剑叶宽	剑叶弯曲度	颈穗弯曲度
千粒重	广东	RILs-A	0.073	0.339**	0.259**	0.093	0.162*	-0.040
		RILs-B	0.204*	0.089	0.099	0.018	-0.162	0.028
	四川	RILs-A	0.172*	0.242**	0.209*	-0.126	0.104	0.022
		RILs-B	0.107	0.053	0.126	0.031	0.173*	0.104
	辽宁	RILs-A	0.278**	0.349**	0.222*	-0.226*	0.133	0.104
		RILs-B	0.133	0.068	0.057	0.011	0.113	0.214*
	上海	RILs-A	0.260**	0.465**	0.408**	-0.260**	0.166*	0.041
		RILs-B	0.207*	0.184*	0.132	0.150	0.213*	-0.237**
穗粒数	广东	RILs-A	-0.045	-0.097	0.023	0.412**	-0.024	0.029
		RILs-B	0.022	0.121	0.326**	0.403**	0.098	0.089
	四川	RILs-A	-0.018	-0.124	0.066	0.561**	0.107	0.206*
		RILs-B	0.385**	0.261**	0.293**	0.525**	0.060	0.078
	辽宁	RILs-A	-0.095	-0.185*	-0.108	0.357**	-0.029	-0.045
		RILs-B	0.320**	0.169	0.308**	0.536**	0.092	0.038
	上海	RILs-A	0.185*	0.091	0.075	0.639**	-0.034	0.008
		RILs-B	0.536**	0.501**	0.364**	0.399**	0.183*	0.100
结实率	广东	RILs-A	-0.177*	-0.202**	0.052	-0.002	0.194*	0.031
		RILs-B	0.005	0.098	0.108	-0.258**	0.227*	-0.169
	四川	RILs-A	-0.155	-0.089	0.066	-0.06	0.126	-0.117
		RILs-B	-0.167	0.007	-0.015	-0.128	0.150	-0.072
	辽宁	RILs-A	0.190*	0.001	-0.019	-0.154	-0.026	0.006
		RILs-B	0.078	0.073	0.103	-0.263**	0.392**	0.158
	上海	RILs-A	-0.174*	-0.107	0.073	-0.286**	0.065	0.155
		RILs-B	-0.022	-0.069	-0.033	-0.119	0.029	-0.215*
产量	广东	RILs-A	-0.035	0.045	0.162*	0.234**	0.328**	0.171*
		RILs-B	-0.063	0.071	0.268**	0.072	0.217*	-0.151
	四川	RILs-A	0.030	0.030	0.023	0.081	0.121	0.150
		RILs-B	0.070	0.186*	0.161*	0.332**	0.087	-0.092
	辽宁	RILs-A	0.054	0.031	0.001	0.005	0.023	0.091
		RILs-B	0.004	-0.079	0.027	0.323**	-0.027	-0.006
	上海	RILs-A	0.252**	0.268**	0.246**	0.155	0.225**	0.146
		RILs-B	0.407**	0.369**	0.203*	0.272**	0.184*	-0.067

注：* 和 ** 分别表示达 0.05 和 0.01 显著水平。

相关，上海达到了显著水平，其他生态区域内显著性因组合不同显著水平不同；其余产量构成因素与株型性状的相关性大多因组合而异。

第五节 讨 论

目前以亚种间杂种优势利用与理想株型相结合为技术路线，是我国超级稻育种的重要手段（陈温福等，2001；袁隆平，1997）。理想株型是在特定的生态和生产条件下与丰产性有关的各种有利性状的最佳组配方式。从实质上看，理想的植株形态能通过冠层内的辐射传输协调光合积累与呼吸消耗的关系，实现适度叶面积下的群体干物质生产（作物群体生长率和净同化率）的最高效率。理想株型具有很强的辩证性，不同作物，同一作物不同亚种和生态型，理想株型的标准不同；在不同生态和生产水平下，理想株型亦不相同（杨守仁，1987）。

本研究表明，不同生态环境条件下产量呈高纬度向低纬度下降趋势，表现为辽宁显著高于其他生态区，四川显著高于上海，上海显著高于广东。说明生态环境条件是决定水稻产量高低的重要因素之一（Ganghua Li，2009，et al.；Katsura et al.，2008；Williams，1992；Horie et al.，1997）。对产量构成因素分析发现，“库”的大小是影响区域间产量差异的最主要因素，这与前人的研究结果一致（Ying et al.，1998a，1998b；Yang et al. 2004）。辽宁的颖花数平均大于其他生态区 25%，同时，高的结实率也是辽宁产量高于其他生态区的主要因素。辽宁水稻增产的主要因子是穗粒数和有效穗，其次是结实率。许多研究表明，日照时数、低夜温以及较大的昼夜温差对水稻高产具有十分重要的作用（lee，2000；Peng et al.，2004；Sheehy et al.，2006；Katsura et al.，2008）。本研究表明，日照时数较长，大气相对湿度较小，籽粒灌浆期昼夜温差较大的北方稻区也是辽宁产量水平较高的重要生态因素，同时辽宁175天生育期，使其具有较高单位面积穗数水平和生物学产量（陈温福等，2001；徐正进等，2004）。以上是辽宁产量高于其他生态区的生理和环境因素。但我们发现四川具有较高产量水平主要是由于穗大、粒重以及较高结实率。在高温、高湿、寡照，灌浆期温差较小，生育时期较短的广东（130天），无论在“库”大小（穗数和穗粒数），籽粒充实度（结实率和粒重）上处于较低水平，这些因素导致了广东产量显著低于其他生态区。

本试验两个水稻杂交群体材料种植在华南籼稻区广东、西南籼稻区四川、东北粳稻区辽宁和长江中下游稻区上海，从群体水平上看，株型特性在不同区域间存在较大差异，而且变化的幅度和方向不尽一致。四川、辽宁的株高、剑叶宽显著高于上海和广东；穗长、剑叶长表现为上海最大，辽宁最低；剑叶弯曲度辽宁和广东高于上海和四川。以上说明理想株型育种工作受地域限制，不同生态条件下株型性状表现有所不同，也说明水稻杂交后代株型特性在不同生态地域表现出一定的生态适应性。分析其原因，可能是由于大多数株型性状是由多基因控制的数量性状，受环境的影响较大（Fan et al.，2008；Hittalmani et al.，2003），这与前人的研究一致（吕川根等，2009；Ganghua Li，2009）。但我们同时发现，环境条件对颈穗弯曲度影响较小，颈穗弯曲度差异变化因组合不同而异，说明生态环境对穗型的选择作用较小，遗传因素起主要作用。

直立穗型群体光照、温度、湿度、气体扩散等生态条件优越，群体冠层反射辐射损失少，因此，结实期群体生长率和物质生产量高（徐正进等，1990）。国家杂交水稻工程技术中心的超级杂交稻株型模式重点是通过剑叶长、直和穗下垂发挥冠层中剑叶在生育后期群体光合作用于物质生产中的作用，减低重心提高抗倒伏（Yuan et al.，1994；袁隆平等，2001）。由于不同生态条件下育成的水稻品种大多只适应当地的生态环境和栽培条件，故本实验在用籼粳杂交群体来探讨其生态适应性的问题。本研究表明，在水稻杂交后代所划分的 4 类株型类型中，具超级杂交稻株型模式的 Cw 在广东、四川和上海 3 个生态区的产量显著高于具直立穗型株型模式的 Dz，表现出明显的优势性。分析原因发现，在高温、高湿、日照时数较少，穗数水平较低的南方稻区，具有长剑叶、弯曲穗型的株型水稻材料更加利于生育后期群体光合作用和物质生产，抗倒伏能力增强，利于水稻产量提高（袁隆平等，2001）。但在水稻生育期便长，灌浆期日照时数较高，昼夜温差较大，大气湿度相对较小，穗数水平较高的北方稻区，Dz 产量高于 Cw，表明直立、紧凑、矮秆的直立穗株型 Dz 更加适应北方稻区的生态环境条件，表现出一定优势。这与前人研究一致（徐正进等，2010）。本研究同时发现，不同生态环境条件下 Cw 株高、穗长以及剑叶弯曲度显著高于 Dz，但剑叶宽则显著低于 Dz。综合以上说明，理想株型育种具有一定生态适应性（吕川根等，2009；周开达等，1997），形成各生态区不同的“生态型”，这与邹江石提出的结论相一致（邹江石，2005）。因此，在水稻理想株型育种实践中，必须适应当地生态条件和生产实际的要求，不仅要求具有“空间”的特点，也要表现出特定的地理生态型。

株型形态性状的变化与产量性状的变化密切关联，直接影响穗“库”结构建成和籽粒充实。本研究表明，不同生态条件下株型特性与产量构成因素均表现出一定的相关性。总体看广东产量与株高呈负相关，而在四川、辽宁和上海呈正向相关，广东、上海产量与穗长、剑叶长、剑叶弯曲度呈显著正相关，辽宁和四川的相关性则因组合而异；产量构成因素与株型性状的相关性大多因组合不同表现并不一致，说明株型性状与产量的相关性与生态环境和株型类型本身并无太多必然联系。对这一问题是试材差异还是地区差异所致，有待深入研究。

第五章

多环境条件下水稻杂交后代品质差异及与株型和亚种属性的关系

稻米品质是水稻育种重要农艺性状之一，它包括加工品质、外观品质、营养品质和食味品质等。稻米品质的形成是遗传、栽培条件以及生态条件综合作用的结果，其中品种的基因型是主要的决定因子，环境条件对稻米品质的影响是通过影响谷粒胚乳细胞发育及内部生理生化过程发挥作用的（Sarah et al.，2011）。稻米品质的形成过程可以描述为：在遗传特性和环境条件作用下，通过籽粒灌浆动态变化来决定其品质表现（程方民等，2001）。环境生态中温度和光照是影响稻米品质的重要因素。温度对稻米最终品质的影响，主要取决于水稻齐穗后 20 天内的气温状况。结实期的高温极不利于整精米率的提高，高温加速了籽粒灌浆，从而影响光合产物的积累、代谢酶活性及细胞分裂，促使垩白率提高。直链淀粉与出穗后 30 天内的平均气温呈显著负相关，平均气温越高，直链淀粉含量越低，施肥的栽培方法对直链淀粉含量影响不大（程冬梅等，2000；程方民等，2003；Sarah et al.，2011；Lin et al.，2005；Sharifi et al.，2009）。理想株型和稻米品质是水稻育种学家最为关注的两个方面（陈温福等，2003；胡培松等，2002），同时也是需要进一步研究的两个方面（程融等，1995；陈建国等，1997）。理想株型通过改善作物群体结构和冠层内光分布来提高作物群体的光合效率和干物质的积累能力，同时对水稻品质的改善同样具有重要作用（张小明等，2002）。目前，国内外根据不同生态环境提出了许多适应当地生态环境条件的理想株型模式（杨守仁等，1996；Khush et al.，1995；袁隆平，1997；周开达等 1997；黄耀祥，2001）。如何正确理解理想株型模式和品质性状之间的关系，是选育出高产优质水稻品种的前提条件。籼粳稻杂交产生的大量变异是创造理想株型的重要手段，同时籼粳亚种和品质性状都与环境条件有密切关系（毛艇等，2010；吴长明等，2003）。目前，对不同生态环境条件下水稻杂交后代稻米品质差异比较以及与株型性状和亚种属性关系的研究鲜有报道。本章以水稻杂交后代为材料，分别在2个不同生态区种植，主要明确生态环境对水稻杂交后代品质性状的影响，比较分析了不同生态条件下品质特性的差异，讨论了不同生态区域品质与株型性状和籼粳亚种属性的关系，并揭示其生理生态机制，为不同地区水稻理想株型育种和充分发挥不同地区生态优势，提高产量和改进品质提供科学依据。

第一节　试验设计与材料

一、试验地点和试验材料

试验于2012年分别在德阳（N 31°07′、E 104°22′），4月下旬到9月中旬在四川省农业科学院水稻研究所德阳基地种植和沈阳（N 41°80′、E 123°44′），4月下旬到10月上旬在辽宁省沈阳农业大学水稻研究所基地种植。试验采用2个弯曲穗型品种与2个直立穗品种杂交衍生的重组自交系F_6、F_7代群体。一群体（F_7）的亲本是弯曲穗型晚轮422和直立穗型辽粳5号，以下以RILs-A代替，另一群体（F_6）的亲本是弯曲穗型泸恢99和直立穗型沈农265，以下以RILs-B代替。两个生态区均栽植3行区，每行10株，共30株，行距为30 cm，株距为13. 3 cm。四川德阳基地，4月20日播种，5月20日插秧；辽宁沈阳农业大学水稻研究所基地，4月10日播种，5月15日插秧。小区按株高编号顺序排列，未设重复。

四川的施肥量为每公顷基肥施碳酸氢铵 375 kg、有机磷肥 375 kg、复合肥 375 kg，追肥施尿素 112.5 kg，合 165 kg N、82.5 kg P_2O_5、27 kg K_2O；辽宁的施肥量为每公顷基肥施尿素 150 kg，磷酸二铵 150 kg，钾肥 75 kg，追肥施尿素 150 kg，合 165 kg N、69 kg P_2O_5、45 kg K_2O，两地地肥力水平基本相当。除了以上化学肥料的施用外，田间管理和试验方法两个生态区是基本一致。肥水管理以及田间杂草和病虫害控制在对产量影响最小水平。

二、性状指标测定

稻谷储藏 3 个月后根据农业部标准（NY 147—88）《稻米品质的测定》进行常规碾磨品质和外观品质指标测定，同时用日本静冈制机株式会社生产的 QS-4000 型高精度近红外线食味分析仪测定直链淀粉含量、蛋白质含量和食味值。

株型的测定指标测定，株型类型的划分和程氏指数调查同第三章第一节。

三、数据处理

采用 SPSS18.0 软件分析，差异分析利用单因素 Anova 模块处理，其他数据采用 Excel 2003 进行绘图等统计。

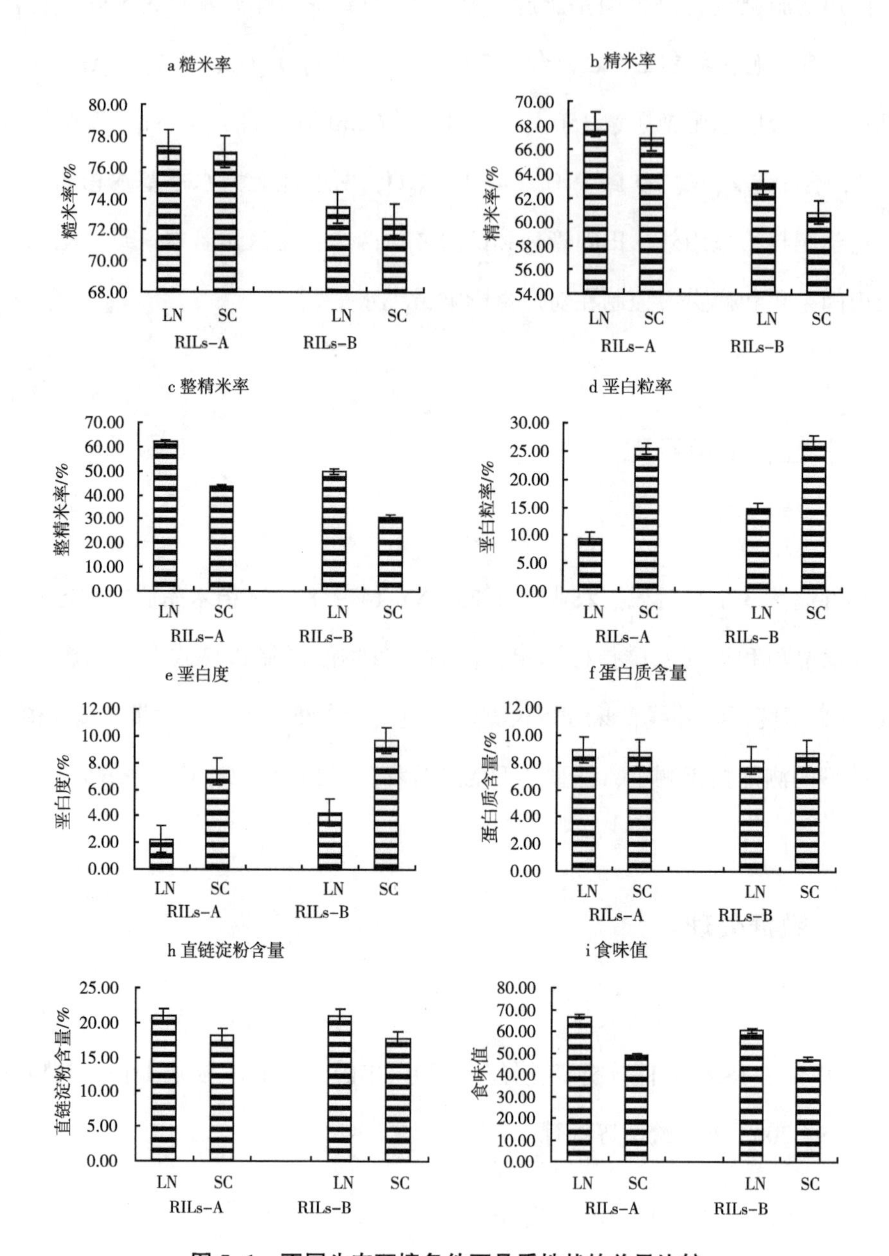

图 5-1　不同生态环境条件下品质性状的差异比较

第二节　品质性状的区域间差异比较

一、品质性状的区域间差异比较

由图 5-1 可见，辽宁地区的糙米率、精米率、整精米率、直链淀粉含量以及食味值均显著高于四川地区，其中精米率、整精米率、直链淀粉含量和食味值两地差异达到了极显著水平，糙米率两地差异不显著；垩白粒率和垩白度表现为辽宁低于四川地区，区域间差异达到了极显著水平。表明生态环境对以上品质性状具有明显的影响。我们同时发现，蛋白质含量在不同生态区域间两个组合表现显著不同，在 RILs-A 中，呈辽宁>四川的趋势，在 RILs-B 中则呈四川极显著高于辽宁，说明生态环境对稻米蛋白质的影响较小，遗传因素起主要作用。

二、多环境条件下不同株型类型间品质性状差异比较

由表 5-1 可见，四川地区的糙米率、精米率以及整精米率均表现为 Cz（长剑叶、直立穗）最低，除 RILs-A 中糙米率以 Cw 表现最高外，其余均以 Dz 表现最高，但差异大多未达到显著水平；辽宁地区的糙米率和精米率不同株型类型间差异并不明显，不同组合株型类型间高低差异不同，但在整精米率上两群体均表

现为 Cz 最低，其中在 RILs-B 中差异达到了极显著水平，但其株型类型间差异不明显。垩白粒率和垩白度在 RILs-A 中 Dz 株型模式表现最低，其他株型类型垩白粒率差异不显著，垩白度 2 个地区呈 Cz>Cw>Dw>Dz 的趋势，差异不显著；在 RILs-B 中，垩白粒率和垩白度在辽宁地区呈 Cz>Dw>Dz>Cw 的趋势，最高与最低间达到了极显著水平，在四川地区则表现为 Cw>Dw>Dz>Cz 趋势，最高与最低间差异达到了显著水平。蛋白质含量在辽宁地区 Dw 表现最低，但各株型类型差异不明显；在四川地区 Cz 表现最低，各类型间差异大多不显著。2 个生态区域直链淀粉含量和食味值在不同株型类型间差异无明显的规律性。

第三节　不同生态条件下品质性状与株型性状、亚种属性间的关系

一、不同生态条件下株型性状与品质相互关系比较

不同生态环境条件下株型性状与品质存在一定的关系见表 5-2，糙米率在四川地区与株高、剑叶弯曲度呈负相关关系，与其他株型性状在相关方向上因群体不同而异，但大多未达到显著水平，在辽宁地区与株高、穗长、剑叶长、颈穗弯曲度和剑叶弯曲度均呈正相关关系，但相关大多不显著；精米率与剑叶宽的关系在两地因组合不同而异，与其他株型性状在四川地区均表现为负相关关系，但在辽宁呈正相关关系，相关大多不显著；整精米率在四川地区与剑叶宽、颈穗弯曲

表 5-1　不同株型类型间品质性状差异比较

组合		RILs-A				RILs-B			
类型		短剑叶、弯穗 Dw	短剑叶、直穗 Dz	长剑叶、弯穗 Cw	长剑叶、直穗 Cz	短剑叶、弯穗 Dw	短剑叶、直穗 Dz	长剑叶、弯穗 Cw	长剑叶、直穗 Cz
糙米率（%）	辽宁	78. 32 Aa	76. 99 Aa	76. 93 Aa	77. 74 Aa	73. 55 Aa	73. 35 Aa	73. 69 Aa	73. 24 Aa
	四川	77. 25 Aa	76. 68 Aa	77. 54 Aa	75. 64 Aa	72. 69 ABa	73. 03 Aa	72. 59 ABa	69. 79 Bb
精米率（%）	辽宁	69. 74 Aa	67. 74 Aa	67. 69 Aa	68. 34 Aa	64. 27 Aa	62. 17 Aa	63. 03 Aa	62. 22 Aa
	四川	67. 06 Aa	66. 96 Aa	66. 90 Aa	66. 54 Aa	60. 60 Aa	61. 39 Aa	60. 76 Aa	57. 74 Aa
整精米率（%）	辽宁	64. 97 Aa	61. 94 Aa	63. 54 Aa	60. 69 Aa	51. 00 Aab	49. 28 Aa	49. 16 Aa	35. 14 Aa
	四川	41. 31 Aa	45. 56 Aa	42. 87 Aa	41. 81 Aa	29. 07 Aa	32. 19 Aa	31. 60 Aa	28. 02 Aa
垩白粒率（%）	辽宁	8. 60 Bb	8. 39 Bb	11. 75 Aa	11. 64 Aa	15. 34 Bb	14. 46 Bb	7. 43 Cc	25. 75 Aa
	四川	28. 70 Aa	25. 60 Aa	24. 70 Aa	23. 47 Ab	29. 95 ABab	19. 87 Bb	36. 20 Aa	15. 00 Bc
垩白度（%）	辽宁	2. 08 Aa	2. 08 Aa	2. 25 Aa	2. 66 Aa	4. 65 Aab	3. 88 ABab	1. 80 Bb	6. 90 Aa
	四川	8. 93 Aa	7. 81 Aa	6. 89 Aa	5. 37 Aa	11. 2 Aa	7. 14 Bb	12. 71 Aa	5. 75 Bb
蛋白质含量（%）	辽宁	8. 15 Aa	8. 25 Aa	8. 20 Aa	10. 63 Aa	8. 10 Aa	8. 26 Aa	8. 41 Aa	8. 13 Aa
	四川	8. 76 Aa	8. 78 Aa	8. 66 Aa	8. 66 Aa	8. 73 Aa	8. 72 Aa	8. 77 Aa	8. 37 Bb
直链淀粉含量（%）	辽宁	21. 39 Aa	20. 78 Aa	20. 93 Aa	21. 47 Aa	20. 69 Bb	21. 20 Bb	21. 64 ABb	23. 35 a
	四川	17. 95 Bb	17. 99 Bb	17. 94 Bb	18. 84 Aa	17. 91 Aa	17. 56 Aa	17. 55 Aa	18. 82 Aa
食味值	辽宁	69. 32 Aa	65. 96 Aa	71. 03 Aa	67. 04 Aa	65. 08 Aa	56. 71 ABab	58. 71 ABa	44. 68 Bb
	四川	46. 44 ABb	45. 22 Bb	51. 97 ABab	55. 01 Aa	48. 16 Aab	47. 18 Aab	45. 02 Ab	55. 85 Aa

注：大写字母为 0. 01 显著水平；小写字母为 0. 05 显著水平。

表 5-2　不同生态条件下株型性状与品质的关系

性状	区域	群体	株高	穗长	剑叶长	剑叶宽	颈穗弯曲度	剑叶弯曲度
糙米率	四川	RILs-A	-0.042	0.045	0.058	-0.049	0.091	-0.019
		RILs-B	-0.212*	-0.151	-0.092	0.021	-0.063	-0.162
	辽宁	RILs-A	0.225*	0.168	0.038	-0.127	0.153	0.121
		RILs-B	0.100	0.022	0.024	0.023	0.078	0.152
精米率	四川	RILs-A	-0.058	-0.008	-0.006	-0.141	0.061	-0.074
		RILs-B	-0.147	-0.072	-0.060	0.065	-0.046	-0.192*
	辽宁	RILs-A	0.327**	0.214*	0.084	-0.152	0.155	0.210*
		RILs-B	0.088	0.047	0.042	-0.119	0.247**	0.106
整精米率	四川	RILs-A	-0.148	-0.083	-0.061	-0.083	-0.024	-0.005
		RILs-B	0.089	0.139	0.014	-0.010	-0.011	-0.09
	辽宁	RILs-A	0.216*	-0.064	-0.088	-0.118	0.171	0.177
		RILs-B	-0.140	-0.122	-0.132	0.032	0.105	-0.184*
垩白粒率	四川	RILs-A	-0.189*	-0.159	0.000	0.133	0.092	0.040
		RILs-B	-0.118	0.056	0.236**	0.004	0.339**	0.179*
	辽宁	RILs-A	-0.070	-0.025	0.078	0.070	0.017	-0.088
		RILs-B	-0.042	-0.210*	-0.065	0.143	-0.104	-0.111

（续表）

性状	区域	群体	株高	穗长	剑叶长	剑叶宽	颈穗弯曲度	剑叶弯曲度
垩白度	四川	RILs-A	-0.253**	-0.233**	-0.065	0.121	0.077	0.069
		RILs-B	-0.081	0.022	0.160	0.051	0.278**	0.195*
	辽宁	RILs-A	-0.094	-0.061	0.040	0.105	-0.018	-0.113
		RILs-B	0.014	-0.219*	-0.066	0.085	-0.079	-0.011
蛋白质含量	四川	RILs-A	-0.186*	-0.150	-0.175*	0.013	-0.077	-0.091
		RILs-B	-0.362**	-0.056	0.081	-0.235**	0.066	-0.004
	辽宁	RILs-A	-0.100	0.036	0.081	-0.061	0.004	0.040
		RILs-B	0.047	0.049	0.051	0.030	-0.100	0.216*
直链淀粉含量	四川	RILs-A	0.287**	0.316**	0.083	-0.152	-0.105	-0.055
		RILs-B	0.250**	0.055	-0.013	0.093	-0.050	-0.267**
	辽宁	RILs-A	0.217*	0.479**	0.303**	-0.090	0.240*	0.118
		RILs-B	0.098	0.043	0.189*	0.099	-0.147	0.037
食味值	四川	RILs-A	0.356**	0.359**	0.268**	-0.147	0.086	0.109
		RILs-B	0.226**	0.103	-0.056	0.173*	-0.084	-0.076
	辽宁	RILs-A	0.243**	0.173	0.066	-0.314**	0.140	0.071
		RILs-B	0.013	0.033	-0.101	-0.165	0.282**	-0.137

注：* 和 ** 分别表示达 0.05 和 0.01 显著水平。

度和剑叶弯曲度呈负相关关系，与其他性状因群体不同而异，在辽宁地区与株型各性状的关系因群体不同而异；两地垩白粒率与株高呈负相关关系，在四川与剑叶长宽、颈穗弯曲度和剑叶弯曲度呈正相关，在辽宁与穗长、剑叶弯曲度表现为负相关关系，相关大多不显著；垩白度在四川与株高呈负相关，与剑叶宽、颈穗弯曲度、剑叶弯曲度呈正相关，在辽宁地区与穗长、穗弯曲度、剑叶弯曲度呈负相关关系，单相关的显著性因群体不同而异；蛋白质含量在四川与株高、穗长、剑叶弯曲度呈负相关，其中与株高达到了极显著水平，在辽宁地区与穗长，剑叶长和剑叶弯曲度成正相关，但未达到显著水平；在四川直链淀粉与株高、穗长呈正相关，与株高达到了极显著水平，与颈穗弯曲度和剑叶弯曲度呈负相关，在辽宁地区与剑叶长、株高、穗长和剑叶弯曲度呈正相关，其中与株高呈极显著水平；两地食味值与株高、穗长呈正相关关系，其中在四川达极显著水平，在辽宁地区与剑叶宽呈负向相关关系，两地食味值与其他株型性状的相关性因群体不同而不同。

二、品质与籼粳属性相互关系区域间比较

程氏指数在四川地区除与精米率成正相关外，与其他品质性状的相关性均因群体不同而异，同时相关大多不显著；在辽宁地区程氏指数与糙米率、精米率、整精米率以及食味值呈正相关关系，其中与整精米率达到了显著水平，程氏指数与垩白粒率和垩白度呈负相关关系，但相关不显著，与直链淀粉含量和蛋白质含量的相关性因群体不同而异（表 5-3）。

表 5-3　品质与程氏指数相关性区域间比较

区域	程氏指数			
	四川		辽宁	
群体	RILs-A	RILs-B	RILs-A	RILs-B

（续表）

区域	程氏指数			
	四川		辽宁	
糙米率	0.055	-0.049	0.175	0.106
精米率	0.154	0.056	0.178	0.266**
整精米率	0.016	-0.134	0.228*	0.206*
垩白粒率	0.024	-0.059	-0.038	-0.102
垩白度	0.036	-0.162	-0.015	-0.103
蛋白质	0.003	-0.018	-0.112	0.037
直链淀粉	0.032	-0.189*	0.136	-0.238**
食味值	-0.015	-0.026	0.089	0.134

注：* 和 ** 分别表示达 0.05 和 0.01 显著水平。

第四节　讨　论

一、不同生态环境条件下品质性状的差异比较

稻米品质受环境条件影响较大。杨占烈等（2006）研究表明，杂交水稻品种在不同的生态稻作点种植，其稻米品质指标中的整精米率、垩白粒率和垩白度的

变化较大，灌浆期的日平均温度是稻米品质中整精米率、垩白粒率和垩白度变化的主控因子。生态环境对稻米品质具有一定的影响（Lin et al.，2006；朱振华等，2009）。夜间温度的提高有助于稻米垩白的形成，同时降低了精米的品质（Sarah et al.，2011）。（Wang 等，2011）研究表明，CO_2 的提高利于稻米垩白和蛋白质含量的减少，但不利于加工品质，特别是精米率。本研究表明，辽宁地区的糙米率、精米率、整精米率、直链淀粉含量以及食味值均显著高于四川地区，其中精米率、整精米率、直链淀粉含量和食味值两地差异达到了极显著水平；垩白粒率和垩白度表现为辽宁低于四川地区，区域间差异达到了极显著水平，表明生态环境对以上品质性状具有明显的影响。分析其原因，辽宁地区日平均温度、最低温度和最高温度显著低于四川地区，同时辽宁地区的昼夜温差较大，日照时数较长，相对湿度较小，这均有利于水稻灌浆速率和籽粒充实度（粒重和结实率）利于稻米品质的提升（杨占烈等，2006；Lin et al.，2006）。我们同时发现，蛋白质含量在不同生态区域间两个组合表现显著不同，在 RILs-A 中，呈辽宁>四川的趋势，在 RILs-B 中则呈四川极显著高于辽宁，说明生态环境对稻米蛋白质的影响较小（程方民，2001），遗传因素其主要作用。因此，在育种实践中应根据当地的生态环境条件选择稻谷的加工品质和外观品质，直链淀粉和蛋白质含量则根据亲本不同加以选择。

不同株型类型间品质性状存在一定的差异。（金峰等，2008）研究表明，弯曲穗型材料整穗籽粒的糙米率、精米率及整精米率以及粒重均高于直立穗型材料；（徐正进等，2007）通过分析辽宁地区 40 余个水稻品种发现，重穗型和密穗型品种利于产量的提高，但不利于品质的改进，直立穗型相对于重穗型和密穗型品种加工品质、外观品质和食味品质较优。直立穗型与弯曲穗型水稻品种杂交后代外观品质的变异幅度最大，碾磨品质变异幅度最小，其他品质性状变幅居中，直立穗型常常较弯穗型表现出较低的碾磨品质和外观品质（王敬国等，2005）。目前对于多环境条件下不同株型类型水稻品质性状的差异研究鲜有报道。本研究发现，四川地区Cz（长剑叶、直立穗）的糙米率、精米率以及整精米率均低于其他株型类型，Dz（短剑叶、直立穗）精米率和整精米率表现较高；辽宁糙米率和精米率不同株型类型间差异并不明显。说明Dz在四川地区品质较好，辽宁地区生态环境对不同株型模式加工品质的影响不显著。不同生态环境条件下垩白度、垩白粒率、蛋白质含量、直链淀粉含量以及食味值与株型模式间差异并不明显。

二、不同生态环境条件下品质性状与株型性状和亚种属性的关系

目前，关于稻米品质性状与株型性状和籼粳属性间的关系，国内外已不乏报道。在研究内容上，已涉及了包括株型各性状与品质的关系，籼粳与属性的关系，产量品质的关系以及栽培条件对其相互关系的影响等多方面（郝宪彬等，2009；程方民等，2001；王敬国等，2005；赵全志等，2003；朱振华等，2009；徐正进等，2007）。但是由于缺乏对生态环境条件对籼粳稻杂交后代稻米品质与株型性状和籼粳属性关系的比较分析及综合评价，加之品质性状对气候生态条件影响反应的复杂性，因而至今仍对其缺乏明确的认识。本研究以籼粳稻杂交后代为材料，综合分析了品质性状与株型性状和籼粳属性的关系。结果表明，不同生态条件下糙米率在四川与株高和剑叶弯曲度呈负相关关系，但在辽宁地区呈正相

关；除剑叶宽外，精米率在四川地区与其他株型性状呈负相关，在辽宁则表现为正相关关系，但相关大多不显著。整精米率在四川地区与剑叶宽、颈穗弯曲度和剑叶弯曲度呈负相关关系，在辽宁地区与株型各性状的关系因群体不同而异；两地垩白粒率与株高呈负相关关系，在四川与剑叶长宽、颈穗弯曲度和剑叶弯曲度呈正相关，在辽宁与穗长、剑叶弯曲度表现为负相关关系；垩白度在四川与株高呈负相关，与剑叶宽、颈穗弯曲度、剑叶弯曲度呈正相关，在辽宁地区与穗长、穗弯曲度、剑叶弯曲度呈负相关关系；蛋白质含量在四川与株高、穗长、剑叶弯曲度呈负相关，辽宁地区与穗长，剑叶长和剑叶弯曲度成正相关；四川直链淀粉与株高、穗长呈正相关，与颈穗弯曲度和剑叶弯曲度呈负相关，在辽宁地区与剑叶长、株高、穗长和剑叶弯曲度呈正相关；两地食味值与株高、穗长呈正相关关系。据此认为，品质与株型性状的关系受生态环境影响，同时遗传因素也具有明显影响。因此，在育种工作实践中，可通过选择优质水稻亲本材料并根据当地品质与株型性状的关系选择适合当地株型模式，做到统筹兼顾，培育出适应当地生态条件的优质水稻品种。

本研究同时发现，程氏指数在不同生态区域内与品质性状的在相关方向上和程度上存在明显差异。四川地区只与精米率成正相关，与其他品质性状的相关性均因群体不同而异，相关大多不显著。表明籼粳属性在四川地区对品质性状无明显的选择压力，形态学上的分化对四川地区的影响不是很大。但在辽宁地区籼粳属性的分化对稻米品质具有一定的影响，糙米率、精米率、整精米率以及食味值随粳型血缘的增加而提高，特别是整精米率受籼粳属性影响最为明显，达到了显著水平，这与（吴长明等，2003）研究基本一致；程氏指数与垩白粒率和垩白度呈负相关关系，但相关不显著，说明辽宁地区粳型血缘的提高外观品质有改善的趋势，但这种趋势并不明显；籼粳血缘在辽宁地区与直链淀粉含量和蛋白质含量的相关性因群体不同而异，表明直链淀粉和蛋白质含量在辽宁地区主要受遗传特性影响。

第六章 生态环境对杂交后代穗部性状的影响及其与株型和籼粳属性的关系

穗是水稻的重要器官之一，穗部性状是水稻理想株型的重要组成部分，合理的穗部结构对提高水稻产量潜力和品质改良具有重要意义。有研究表明，穗粒数对产量的直接作用最大，适当增加穗长，实现穗大粒多增加库容量，可以显著提高水稻产量潜力（胡继鑫等，2008；吴文革等，2007；董桂春等，2009），（徐正进等，2004）的研究表明，一、二次枝梗数多是增加每穗粒数的基础，并根据二次枝梗在穗轴上的分布特点将穗型分为上部优势型、中部优势型和下部优势型（徐正进等，2005），认为二次枝梗籽粒偏向穗轴中上部分布有利于提高结实性和产量。籼粳稻的穗部性状具有明显差异，同时亚种间杂交优势利用，由于籼粳杂交可以创造大量变异，可以实现穗部性状的重新组合。自20世纪50年代以来，理想株型选育与杂种优势利用相结合的技术路线得到广泛应用（张再军等，2003；杨守仁等，1996），以综合亚种优点和利用亚种间杂种优势为目的的籼粳稻杂交育种已成为南北方水稻育种的重要方法之一（姜健等，2002；2001；马均等，2001；杨守仁，1987）。根据生理生态和产量潜力研究结果，国内外已经提出一些理想株型模式，主要有东北稻区的直立大穗型株型模式；国家杂交水稻工程技术中心的超级杂交稻株型模式；华南稻区的半矮秆、众生型株型模式；西南稻区的杂交间杂交重穗型杂交稻株型模式和国际水稻研究所的“新株型”模式。综合分析认为，理想株型的选育具有一定的生态适应性，形成各自的生态型（邹江石，2010）。作为理想株型模式中重要部分的穗部性状同样具有一定的生态适应性（赵明珠等，2012；徐海等，2009；梁康迳，2000）。前人研究表明，穗部性状多是多基因控制数量性状，不同的穗部性状对环境敏感程度不同（崔克辉等，2002；邢永忠等，2001；段俊等，1999；胡霞等，2011；匡勇等，2011）。目前利用杂交后代研究生态环境对穗部性状影响及其与株型性状和籼粳属性的关系的研究鲜有报道。因此，明确生态环境对其影响的机制和变化规律，对不同地区理想株型育种工作和充分发挥不同地区生态优势具有重要意义。

第一节　试验设计与材料

一、试验材料与生态试验点

试验于 2012 年分别在广州（N 23°17′、E 113°32′），4 月上旬到 8 月下旬在广东省农业科学院白云基地种植；德阳（N 31°07′、E 104°22′），4 月下旬到 9 月中旬在四川省农业科学院水稻所德阳基地种植；上海（N 31°14′、E 121°29′），5 月上旬到 10 月中旬在上海市农业科学院庄行基地种植和沈阳（N 41°80′、E 123°44′），4 月下旬到 10 月上旬在辽宁省沈阳农业大学水稻研究所基地种植。

试验采用两个弯曲穗型品种与两个直立穗品种杂交衍生的重组自交系 F_6、F_7 代群体。一群体（F_7）的亲本是弯曲穗型晚轮 422 和直立穗型辽粳 5 号，以下以 RILs-A 代替，另一群体（F_6）的亲本是弯曲穗型泸恢 99 和直立穗型沈农 265，以下以 RILs-B 代替。四个生态区均栽植 3 行区，每行 10 株，共 30 株，行距为 30 cm，株距为 13. 3 cm。广东广州基地，4 月 10 日播种，5 月 10 日插秧；四川德阳基地，4 月 20 日播种，5 月 20 日插秧；辽宁沈阳农业大学水稻研究所基地，4 月 10 日播种，5 月 15 日插秧；上海庄行基地，5 月 20 日播种，6 月 20 日插秧。小区按株高编号顺序排列，未设重复。

广东的施肥量为每公顷基肥施尿素 150 kg、复合肥 375 kg，追肥施复合肥 300 kg，合 165 kg N、82. 5 kg P_2O_5、52. 5 kg K_2O。四川的施肥量为每公顷基肥施碳酸氢铵 375 kg、有机磷肥 375 kg、复合肥 375 kg，追肥施尿素 112. 5 kg，合 165 kg N、82. 5 kg P_2O_5、27 kg K_2O；上海每公顷基肥施尿素 150 kg、BB 复合肥 375 kg，追肥施 BB 复合肥 300 kg，合 165 kg N、82. 5 kg P_2O_5、52. 5 kg K_2O。辽宁的施肥量为每公顷基肥施尿素 150 kg，磷酸二铵 150 kg，钾肥 75 kg，追肥施尿素 150 kg，合 165 kg N、69 kg P_2O_5、45 kg K_2O，四地肥力水平基本相当。除了以上化学肥料的施用外，田间管理和试验方法四个生态区是基本一致。肥水管理以及田间杂草和病虫害控制在对产量影响最小水平。

二、性状指标测定

稻谷储藏 3 个月后根据农业部标准（NY 147—88）《稻米品质的测定》进行常规碾磨品质和外观品质指标测定，同时用日本静冈制机株式会社生产的 QS-4000 型高精度近红外线食味分析仪测定直链淀粉含量、蛋白质含量和食味值。

株型的测定指标、株型类型划分和程氏指数调查同第三章第一节。

三、数据处理

采用 SPSS18. 0 软件分析，差异分析利用单因素 Anova 模块处理，其他数据采用 Excel 2003 进行绘图等统计。

第二节　穗部性状的区域间差异

一、穗部性状的区域间差异比较

不同生态环境条件下穗部性状的区域间差异比较见图 6-1。辽宁地区的一次枝梗数显著高于其他生态区；广东地区的二次枝梗数显著低于其他生态区，辽宁和四川表现较高；穗粒数、一次枝梗结实率和着粒密度两群体均变现为辽宁最高，四川次之，广东和上海最低，其中辽宁与上海和广东差异达到了极显著水平；千粒重四川地区最高，辽宁和广东次之，广东最低，四川与广东差异达到了极显著水平；二次枝梗结实率两个群体间差异较大，各地表现有所不同；总结实率呈辽宁>四川>广东>上海的趋势；穗重在不同生态区间表现为四川>辽宁>上海>广东的趋势，各地区之间差异大多达到了显著水平。

二、不同株型类型间穗部性状的差异比较

按照前述方法，根据剑叶长度和颈穗弯曲度将 RILs-A 和 RILs-B 划分为 4 种株型类型，即：短剑叶、弯曲穗（Dw）；短剑叶、直立穗（Dz）；长剑叶、弯

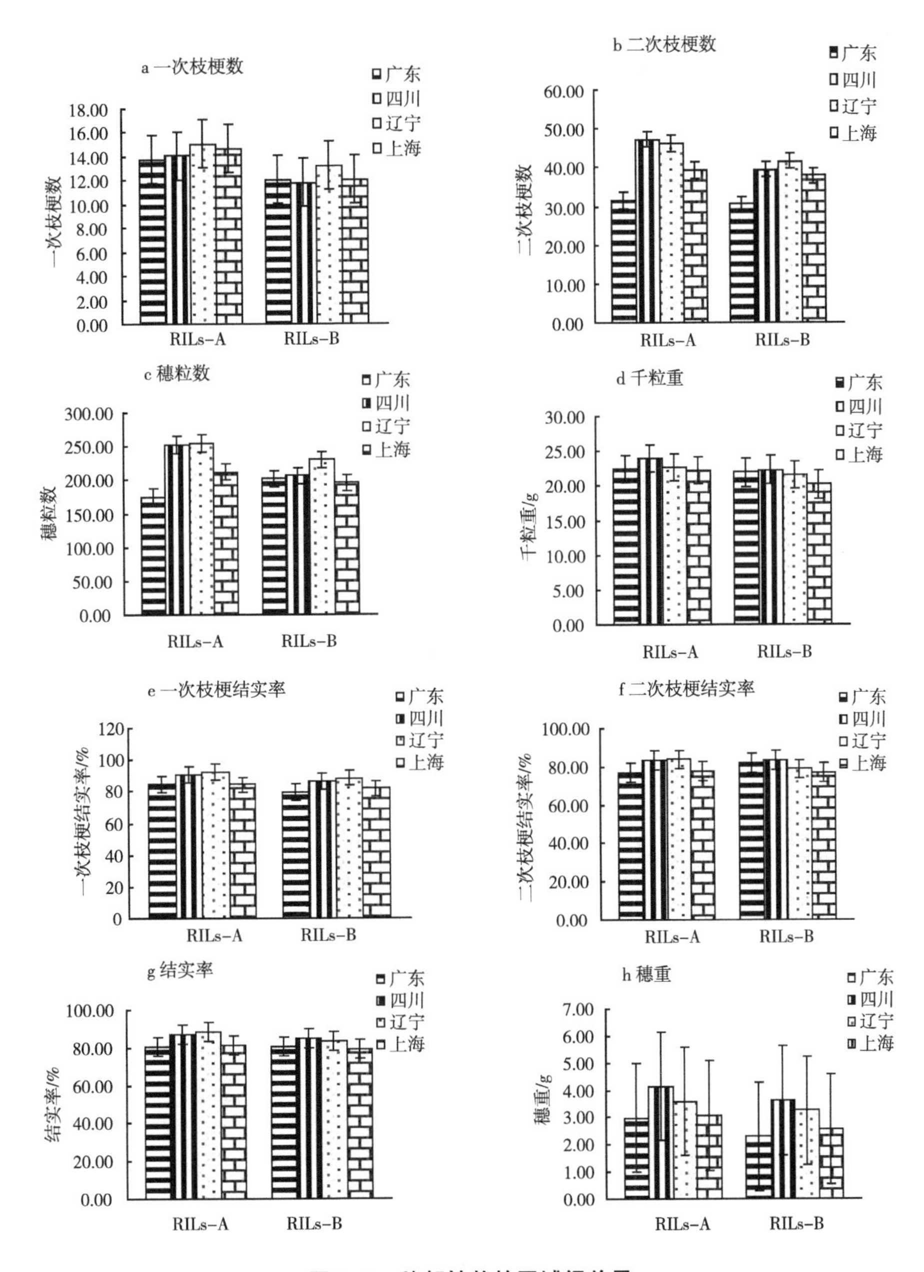

图 6-1　穗部性状的区域间差异

表 6-1　不同株型类型间穗部性状的差异比较

性状	区域	RILs-A				RILs-B			
		短剑叶、弯穗 Dw	短剑叶、直穗 Dz	长剑叶、弯穗 Cw	长剑叶、直穗 Cz	短剑叶、弯穗 Dw	短剑叶、直穗 Dz	长剑叶、弯穗 Cw	长剑叶、直穗 Cz
穗粒数	广东	178.66 Aa	175.26 Aa	173.68 Aa	175.04 Aa	186.07 ABb	200.87 ABab	224.04 Aa	177.69 Bb
	四川	244.15 Aa	256.22 Aa	258.26 Aa	234.43 Aa	188.50 Ab	208.29 Aab	221.21 Aab	234.03 Aa
	辽宁	266.40 Aa	259.96 Aa	232.05 Aa	243.31 Aa	229.54 Aa	226.69 Aa	255.90 Aa	243.70 Aa
	上海	204.23 Aa	210.61 Aa	211.85 Aa	216.88 Aa	174.80 Ac	183.01 Abc	208.92 Aab	218.96 Aa
千粒重/g	广东	21.93 Abc	21.80 Ac	23.06 Aa	22.93 Aab	21.97 Aab	21.96 Aab	21.48 Ab	23.51 Aa
	四川	23.59 Aa	22.97 Aa	24.36 Aa	25.73 Aa	22.60 ABb	21.46 Bb	22.84 ABab	24.67 Aa
	辽宁	22.38 Aa	22.17 Aa	22.60 Aa	23.33 Aa	22.24 Aa	20.94 Aa	21.64 Aa	21.01 Aa
	上海	22.02 Aa	20.26 Bb	22.76 Aa	23.12 Aa	20.23 Aa	19.53 Aa	20.71 Aa	20.02 Aa
着粒密度（粒/cm）	广东	7.69 Aa	7.96 Aa	7.15 Aa	7.00 Aa	7.89 ABbc	9.68 Aa	8.39 ABab	6.53 Bc
	四川	10.36 ABab	11.26 Aa	10.06 ABb	9.05 Bb	7.84 Bb	9.96 Aa	7.92 Bb	8.53 ABab
	辽宁	11.09 Aab	12.88 Aa	9.01 Ab	10.18 Aab	9.56 Aa	10.47 Aa	8.97 Aa	9.59 Aa
	上海	8.01 Bb	10.22 Aa	7.85 Bb	7.93 Bb	6.90 Ab	8.79 Aa	6.91 Ab	7.82 Aab
穗重/g	广东	2.91 Aa	2.91 Aa	3.18 Aa	2.91 Aa	2.06 Bb	2.20 Bb	2.72 Aa	1.96 Bb
	四川	4.01 Aa	4.05 Aa	4.85 Aa	3.91 Aa	3.43 Aa	3.45 Aa	4.06 Aa	4.12 Aa
	辽宁	3.99 Aa	3.66 Aab	3.36 Ab	3.75 Ab	3.35 Aab	3.02 Ab	3.92 Aa	3.36 Aab
	上海	2.81 ABb	2.92 Bb	3.11 ABab	3.27 Aa	2.32 Ab	2.42 Aab	2.72 Aab	2.83 Aa
结实率/%	广东	81.48 Aab	78.87 Ab	83.30 Aa	79.18 Ab	81.13 Aa	78.67 ABa	85.71 Aa	70.19 Bb
	四川	89.09 Aa	85.63 Aa	87.27 Aa	88.36 Aa	86.55 Aa	83.77 ABa	85.47 ABa	78.63 Bb
	辽宁	88.57 Aa	88.33 Aa	91.54 Aa	87.37 Aa	87.11 Aa	79.24 Ab	84.47 Aab	83.06 Aab
	上海	78.53 Aa	81.31 Aa	81.40 Aa	81.04 Aa	81.15 Aa	79.81 Aa	78.78 Aa	77.84 Aa

（续表）

性状	区域	RILs-A				RILs-B			
		短剑叶、弯穗 Dw	短剑叶、直穗 Dz	长剑叶、弯穗 Cw	长剑叶、直穗 Cz	短剑叶、弯穗 Dw	短剑叶、直穗 Dz	长剑叶、弯穗 Cw	长剑叶、直穗 Cz
一次枝梗数	广东	14. 20 Aa	14. 01 Aa	13. 19 Ab	13. 92 Aab	11. 14 Bb	12. 71 Aa	12. 18 ABab	12. 22 ABab
	四川	13. 71 Ab	14. 54 Aa	13. 11 Aab	13. 90 Aab	11. 42 Ab	11. 86 Aab	11. 89 Aab	13. 17 Aa
	辽宁	15. 30 Aa	15. 30 Aa	13. 45 Ab	13. 83 Aab	13. 09 Aa	13. 33 Aa	13. 25 Aa	14. 90 Aa
	上海	14. 33 Aa	14. 45 Aa	14. 66 Aa	15. 20 Aa	11. 23 Bb	11. 95 ABb	12. 17 ABab	13. 35 Aa
二次枝梗数	广东	31. 70 Aa	31. 44 Aa	30. 92 Aa	32. 47 Aa	27. 54 Bb	27. 22 Bb	38. 16 Aa	26. 36 Bb
	四川	45. 52 Aa	47. 70 Aa	44. 90 Aa	43. 08 Aa	35. 03 Bb	40. 22 ABab	41. 91 ABab	46. 10 Aa
	辽宁	48. 94 Aa	47. 27 Aa	41. 20 Aa	40. 72 Aa	41. 63 Aa	40. 70 Aa	45. 40 Aa	45. 00 Aa
	上海	38. 21 Aa	39. 00 Aa	38. 74 Aa	41. 71 Aa	34. 46 Aa	35. 55 Aa	39. 85 Aa	41. 59 Aa
一次枝梗结实率/%	广东	87. 41 Aa	82. 66 Ab	86. 23 Aab	83. 13 Ab	79. 36 Aa	77. 50 Aa	85. 62 Aa	65. 37 Bb
	四川	92. 55 Aa	90. 29 Aa	90. 55 Aa	91. 46 Aa	88. 18 Aa	85. 53 Aa	86. 06 Aa	84. 53 Aa
	辽宁	94. 17 Aa	93. 00 Aa	94. 51 Aa	90. 84 Aa	90. 57 Aa	85. 88 Aa	88. 88 Aa	86. 11 Aa
	上海	80. 89 Ab	85. 74 Aa	84. 51 Aab	84. 55 Aab	82. 87 Aa	81. 90 Aa	81. 24 Aa	80. 79 Aa
二次枝梗结实率/%	广东	75. 55 Ab	75. 08 Ab	80. 38 Aa	75. 24 Ab	82. 89 ABa	79. 83 ABab	85. 81 Aa	75. 02 Bb
	四川	85. 63 Aa	80. 97 Aa	84. 00 Aa	85. 26 Aa	84. 92 Aa	82. 01 Aa	84. 89 Aa7	72. 73 Bb
	辽宁	82. 96 Aa	83. 66 Aa	88. 58 Aa	83. 90 Aa	83. 64 Aa	72. 60 Ab	80. 06 Aab	80. 01 Aab
	上海	76. 16 Aa	76. 89 Aa	78. 29 Aa	77. 53 Aa	79. 43 Aa	77. 72 Aa	76. 32 Aa	74. 89 Aa

注：大写字母为 0. 01 显著水平，小写字母为 0. 05 显著水平。

曲穗（Cw）和长剑叶、直立穗（Cz）见表 6-1。广东、辽宁和四川地区一次枝梗数在 RILs-A 中均以 Cw 显著低于其他类型，辽宁和四川 Dz 表现最高，广东以 Dw 最高，上海地区的 RILs-A 和四个生态区的 RILs-B 均以 Dw 显著低于其他类型，同时以 Cz 表现较高。二次枝梗数在上海地区表现为 Cz 最高，Dw 最低，Dz 和 Cw 居中，差异不显著；在辽宁和四川的 RILs-A 中以 Dw 最高，Cz 最低，但在 RILs-B 中以 Dz 最高，Cz 和 Cw 较高，两个群体表现不一致；广东地区二次枝梗数类型间差异无规律。上海穗粒数表现为 Cz>Cw>Dz>Dw，但两群体间显著水平不同，其他地区和组合的类型间差异变化和显著水平无明显规律。千粒重除广东 RILs-B 外，均以 Dw 低于其他类型，而在 RILs-A 中以 Cw、Cz 较高，但在 RILs-B 中广东、四川以 Cz 最高，辽宁和上海则以 Cw、Dw 较高，最高与最低间差异显著。不同生态条件下一次枝梗结实率、二次枝梗结实率和结实率类型间差异无明显规律，多因组合不同而异。着粒密度不同生态区域间均表现为 Dz 最高，广东地区 Cz 最低，辽宁 Cw 最低，差异达到了极显著水平，四川和上海在 RILs-A 中以 Cz 在最低，在 RILs-B 中以 Dw 表现最低，差异达显著水平。广东和四川地区穗重呈 Cw>Dz>Dw>Cz 趋势，上海地区表现为 Cz>Cw>Dz>Dw 的趋势，上海地区差异较为显著。辽宁类型间差异无明显规律，多因组合不同而异。

第三节　穗部性状与株型性状、籼粳属性的关系

一、穗部性状与株型性状关系

不同生态条件下穗部性状与株型性状存在一定的关系（表 6-2）。四个生态

区域内一次枝梗数与剑叶宽达到了显著或极显著正相关，同时与颈穗弯曲度和剑叶弯曲度呈负向相关，广东地区达到了显著或极显著水平，辽宁相关大多不显著，四川和上海则因群体不同相关显著性不同。二次枝梗数与剑叶宽呈极显著正相关；在广东和上海地区与株高表现为正相关，上海地区达到了极显著水平；除

表 6-2　不同生态条件下穗部性状与株型性状的关系

性状	地区	群体	株高	穗长	剑叶长	剑叶宽	颈穗弯曲度	剑叶弯曲度
穗粒数	广东	RILs-A	-0.045	-0.097	0.023	0.412**	-0.024	0.029
		RILs-B	0.022	0.121	0.326**	0.403**	0.098	0.089
	四川	RILs-A	-0.018	-0.124	0.066	0.561**	0.107	0.206*
		RILs-B	0.385**	0.261**	0.293**	0.525**	0.060	0.078
	辽宁	RILs-A	-0.095	-0.185*	-0.108	0.357**	-0.029	-0.045
		RILs-B	0.320**	0.169	0.308**	0.536**	0.092	0.038
	上海	RILs-A	0.185*	0.091	0.075	0.639**	-0.034	0.008
		RILs-B	0.536**	0.501**	0.364**	0.399**	0.183*	0.100
千粒重	广东	RILs-A	0.073	0.339**	0.259**	0.093	0.162*	-0.040
		RILs-B	0.204*	0.089	0.099	0.018	-0.162	0.028
	四川	RILs-A	0.172*	0.242**	0.209*	-0.126	0.104	0.022
		RILs-B	0.107	0.053	0.126	0.031	0.173*	0.104
	辽宁	RILs-A	0.278**	0.349**	0.222*	-0.226*	0.133	0.104
		RILs-B	0.133	0.068	-0.057	-0.011	0.113	0.214*
	上海	RILs-A	0.260**	0.465**	0.408**	-0.260**	0.166*	0.041
		RILs-B	0.207*	0.184*	0.132	0.150	0.213*	-0.237**

（续表）

性状	地区	群体	株高	穗长	剑叶长	剑叶宽	颈穗弯曲度	剑叶弯曲度
着粒密度	广东	RILs-A	-0.316**	-0.529**	-0.154*	0.525**	-0.112	0.008
		RILs-B	-0.345**	-0.471**	-0.133	0.456**	-0.271**	-0.157
	四川	RILs-A	-0.400**	-0.598**	-0.292**	0.611**	-0.120	-0.003
		RILs-B	0.000	-0.349**	-0.166	0.499**	-0.360**	-0.117
	辽宁	RILs-A	-0.371**	-0.587**	-0.435**	0.414**	-0.273**	-0.104
		RILs-B	-0.043	-0.289**	-0.004	0.546**	-0.228*	-0.204*
	上海	RILs-A	-0.256**	-0.483**	-0.274**	0.672**	-0.258**	-0.094
		RILs-B	-0.150	-0.266**	-0.245**	0.369**	-0.311**	-0.073
穗重	广东	RILs-A	-0.087	0.028	0.158*	0.518**	0.117	0.013
		RILs-B	0.092	0.226*	0.374**	0.350**	0.261**	-0.029
	四川	RILs-A	0.096	-0.003	0.213*	0.443**	0.218*	0.168
		RILs-B	0.435**	0.360**	0.400**	0.498**	0.196*	0.072
	辽宁	RILs-A	0.031	-0.219*	-0.265**	0.191*	0.076	-0.144
		RILs-B	0.340**	0.179	0.330**	0.384**	0.218*	0.224*
	上海	RILs-A	0.224**	0.290**	0.296**	0.488**	0.027	0.008
		RILs-B	0.487**	0.436**	0.285**	0.544**	0.113	-0.170
结实率	广东	RILs-A	-0.177*	-0.202**	0.052	-0.002	0.194*	0.031
		RILs-B	0.005	0.098	0.108	-0.258**	0.227*	-0.169
	四川	RILs-A	-0.155	-0.089	0.066	-0.06	0.126	-0.117
		RILs-B	-0.167	0.007	-0.015	-0.128	0.150	-0.072
	辽宁	RILs-A	0.190*	0.001	-0.019	-0.154	-0.026	0.006
		RILs-B	0.078	0.073	0.103	-0.263**	0.392**	0.158
	上海	RILs-A	-0.174*	-0.107	0.073	-0.286**	0.065	0.155
		RILs-B	-0.022	-0.069	-0.033	-0.119	0.029	-0.215*

（续表）

性状	地区	群体	株高	穗长	剑叶长	剑叶宽	颈穗弯曲度	剑叶弯曲度
一次枝梗数	广东	RILs-A	-0.128	-0.092	-0.218**	0.346**	-0.156*	-0.183*
		RILs-B	0.229*	0.105	0.154	0.275**	-0.300**	-0.027
	四川	RILs-A	-0.019	0.112	-0.133	0.214*	-0.221**	-0.215*
		RILs-B	0.457**	0.283**	0.178*	0.278**	-0.059	-0.084
	辽宁	RILs-A	-0.022	-0.070	-0.233*	0.341**	-0.177	-0.138
		RILs-B	0.007	0.021	0.149	0.360**	-0.117	-0.201*
	上海	RILs-A	0.164*	0.169*	0.135	0.143	-0.161*	-0.406**
		RILs-B	0.483**	0.397**	0.350**	0.245**	-0.011	-0.130
二次枝梗数	广东	RILs-A	0.049	-0.052	0.052	0.339**	-0.050	0.085
		RILs-B	0.167	0.286**	0.404**	0.329**	0.308**	0.221*
	四川	RILs-A	-0.032	-0.178*	0.053	0.502**	0.119	0.221**
		RILs-B	0.304**	0.206*	0.266**	0.504**	0.014	0.028
	辽宁	RILs-A	-0.102	-0.223*	-0.113	0.327**	-0.031	-0.109
		RILs-B	0.296**	0.146	0.299**	0.531**	0.091	-0.005
	上海	RILs-A	0.223**	0.072	0.084	0.631**	-0.043	0.080
		RILs-B	0.457**	0.418**	0.269**	0.403**	0.144	0.122
一次枝梗结实率	广东	RILs-A	-0.221**	-0.289**	-0.043	0.012	0.213**	0.012
		RILs-B	0.030	0.094	0.074	-0.283**	0.227*	-0.194*
	四川	RILs-A	-0.290**	-0.156	-0.023	-0.053	0.051	-0.181*
		RILs-B	-0.133	-0.008	-0.067	-0.068	0.076	-0.047
	辽宁	RILs-A	-0.065	-0.196*	-0.251**	-0.106	-0.007	-0.081
		RILs-B	-0.050	-0.017	0.051	-0.138	0.289**	0.087
	上海	RILs-A	-0.226**	-0.171*	-0.002	-0.254**	-0.020	0.036
		RILs-B	-0.043	-0.075	-0.023	-0.028	0.005	-0.266**

（续表）

性状	地区	群体	株高	穗长	剑叶长	剑叶宽	颈穗弯曲度	剑叶弯曲度
二次枝梗结实率	广东	RILs-A	-0.121	-0.111	0.117	-0.012	0.154*	0.042
		RILs-B	-0.026	0.090	0.135	-0.196*	0.198*	-0.119
	四川	RILs-A	-0.069	-0.046	0.106	-0.058	0.154	-0.072
		RILs-B	-0.173*	0.020	0.034	-0.163	0.196*	-0.084
	辽宁	RILs-A	0.286**	0.100	0.102	-0.152	-0.031	0.048
		RILs-B	0.140	0.114	0.120	-0.303**	0.403**	0.180
	上海	RILs-A	-0.114	-0.045	0.123	-0.278**	0.123	0.229**
		RILs-B	-0.002	-0.059	-0.039	-0.194*	0.050	-0.150

注：* 和 ** 分别表示达 0.05 和 0.01 显著水平。

辽宁外，其他生态区二次枝梗数与剑叶长和剑叶弯曲度呈正相关关系，相关显著性因群体不同而已，辽宁地区二次枝梗数与剑叶弯曲度呈负相关。穗粒数在不同生态区域内与剑叶宽呈极显著正相关；上海地区穗粒数与株高、穗长和剑叶长表现为显著正相关关系，在其他生态区的相关方向和显著水平因群体不同而不同。千粒重在不同生态区域间与株高、穗长以及剑叶长呈正相关关系，其中上海地区达到了显著水平；上海地区千粒重与颈穗弯曲度也表现为显著正相关，其他生态区域因群体而异。四川和上海地区的一次枝梗结实率与株高、穗长、剑叶长、宽呈负相关，但相关显著性因群体不同而异；广东除与颈穗弯曲度显著正相关外，与其他株型性状的相关方向和显著水平因群体不同而异；辽宁与株高、穗长以及剑叶宽呈负相关。二次枝梗结实率不同生态区域间与剑叶宽表现为负相关关系，其中上海和辽宁以及广东的 RILs-B 达到了显著水平；广东、四川和上海三地二次枝梗结实率与株高呈负相关，与颈穗弯曲度呈正相关关系；辽宁二次枝梗结实率与株高呈正相关，其中 RILs-A 达极显著水平。着粒密度与剑叶宽呈极显著正相关；与穗长呈极显著负相关；与株高、剑叶长、颈穗弯曲度、剑叶弯曲度呈负相关关系，但相关显著性因群体不同有所差异。穗重与剑叶宽和颈穗弯曲度呈正相关，其中与剑叶宽达到了极显著水平；除辽宁 RILs-A 外，穗重与剑叶长呈显著正相关；除广东 RILs-A 外，穗重与株高呈正相关关系，其中上海地区达到了极显著水平，同时在上海地区穗重与穗长呈极显著正相关。

二、穗部性状与籼粳属性关系的区域间比较

由表 6-3 可见，辽宁地区的一次枝梗数和二次枝梗数与程氏指数表现为负相关关系，显著性因群体而异；在广东、四川和上海其相关方向和相关显著性因群体不同而不同。在不同生态区域间 RILs-A 的穗粒数和着粒密度与程氏指数呈极显著负相关；在 RILs-B 中，四川、辽宁和上海呈负相关，但在广东地区呈正相关。千粒重在广东和辽宁地区籼粳属性呈正相关，其中辽宁达到了极显著水平；四川和上海两地则因群体不同相关性表现不一致。四川、辽宁和上海地区一次枝梗结实率与籼粳属性呈正相关关系，其中在辽宁达到了显著和极显著水平；广东地区则表现为负相关关系，但相关未达显著水平。二次枝梗结实率与籼粳属性呈正相关关系，其中在四川和辽宁地区达到了显著性水平。结实率在四川、辽宁和上海地区与籼粳属性呈正相关，辽宁和四川地区达到显著水平；广东地区相关方向上因组合不同而异。广东和上海地区的穗重与籼粳亚种属性呈负相关，其中

RILs-A 达到了显著水平，辽宁地区则表现为正相关关系，四川地区穗重与籼粳亚种属性相关性因组合不同而异。

表 6-3 不同生态环境条件下穗部性状与籼粳属性的关系

性状	程氏指数							
	广东		四川		辽宁		上海	
	RILs-A	RILs-B	RILs-A	RILs-B	RILs-A	RILs-B	RILs-A	RILs-B
一次枝梗数	-0.249**	0.222*	-0.071	0.021	-0.075	-0.202*	0.097	-0.100
二次枝梗数	-0.165*	0.022	-0.317**	0.004	-0.212*	-0.090	-0.354**	0.021
穗粒数	-0.230**	0.137	-0.367**	-0.032	-0.277**	-0.082	-0.324**	-0.028
千粒重	0.071	0.134	0.181*	-0.008	0.250**	0.262**	0.042	-0.082
一次枝梗结实率	-0.024	-0.061	0.143	0.156	0.191*	0.325**	0.086	0.038
二次枝梗结实率	0.124	0.07	0.241**	0.190*	0.220*	0.347**	0.069	0.139
结实率	0.065	-0.002	0.221**	0.188*	0.237*	0.367**	0.082	0.094
着粒密度	-0.365**	0.127	-0.366**	-0.055	-0.296**	-0.126	-0.286**	-0.117
穗重	-0.155*	-0.060	-0.143	0.021	0.064	0.200*	-0.309**	-0.126

注：* 和 ** 分别表示 0.05 和 0.01 显著水平。

第四节 讨 论

一、穗部性状的区域间差异

良好的株型是水稻高产优质的基础。杨守仁等（1996）提出了综合的理想株型指标，奠定了水稻理性株型的理论基础。后来有研究发现，南方单季稻单位面积穗数自南向北递增，由低海拔向高海拔递增；水稻的株型由基本型与生态型两个部分构成，基本型是所有理想株型稻的共性性状，生态型是因气候等生态环境条件和栽培因素的影响而与之相适应的株型性状（邹江石等，2005）。而地理纬度不同，株型与群体光分布的关系，以及对株型和田间配置的要求也不同（王延颐，1982；徐正进等，1990；冯永祥等，2002）。国内外广泛开展的水稻超高产育种，也是以新株型为突破口，提出了适合不同生态环境和生产条件的株型模式（杨守仁等，1996；Khush et al.，1995；袁隆平，1997；周开达等，1997；黄耀祥，2001）。在国内外提出的理想株型模式中，无论是超级杂交稻株型模式，亚种间杂交重穗型株型模式，“早长、丛生型”株型模式，北方直立大穗型株型模式还是国际水稻所的“新株型”均是通过增加每穗颖花数即培育大穗型水稻品种已成为高产水稻品种选育的主攻方向之一（袁隆平，1997；陈温福等，2002；黄耀祥等，1994；周开达等，1995）。作为理想株型最重要的组合部分穗部性状大多是由多基因控制的数量性状，受环境的影响较大，遗传力较低，极易受生态环境因素的影响（崔克辉等，2002；邢永忠等，2001；胡霞等，2011；匡勇等，2011）。梁康迳等（2000）分析不同环境下籼粳杂交稻穗部性状的遗传特点结果表明，除主穗粒数的加性与环境互作和二次枝梗数的显性与环境互作不显著外，其他性状均存在显著和极显著的加性、显性、加性×加性上位性遗传效应及其与环境的互作效应。裘宗恩等（1982）研究表明，云南高原稻引种直低海拔地区种植，穗子变长，枝梗数和每穗粒数均增加，千粒重下降，结实率下降。王红霞（2010）研究表明，生态条件对水稻每穗粒数没有影响，对每穴穗数和千粒重影响显著。在此基础上，本章初步研究了生态环境籼粳稻杂交后代穗部性状的影响以及不同株型类型间穗部性状的差异。

本研究表明，辽宁一次枝梗数显著高于其他生态区；广东地区的二次枝梗数最少，辽宁和四川表现较高；穗粒数、一次枝梗结实率和着粒密度辽宁最高，四川次之，广东和上海最低，其中辽宁与上海和广东差异达到了极显著水平；千粒重四川地区最高，广东最低；二次枝梗结实率两个群体间差异较大，各地表现有所不同；总结实率呈辽宁>四川>广东>上海的趋势；穗重在不同生态区间表现为四川>辽宁>上海>广东的趋势。不同生态区域间上述穗部性变化表明，大多数穗部性状均发生了显著的变化，而且变化的幅度和方向不尽一致，这可能是由于不同交后代的家系中控制穗部性状的 QTL 数目的多少、效应的大小和与环境互作的程度不同所致。邢永忠等（2001）研究表明，不同性状的 QTL 对环境敏感程度不同，由此说明生态条件对穗部性状的影响存在差异。综合以上表明，生态环境是引起穗部性状区域间差异的重要原因之一。

通过对不同生态环境的气象信息进行比对发现，日照时数较长，大气相对湿度较小，籽粒灌浆期昼夜温差较大的北方稻区是辽宁穗部性状由于其他生态区的重要生态因素（陈温福等，2001；徐正进等，2004）。同时发现四川具有较优穗部性状，主要是由于穗大、粒重以及较高结实率；在高温、高湿、寡照，灌浆期温差较小，生育时期较短的广东（130 天），无论在颖花数（穗数、穗粒数、枝梗数），籽粒充实度（结实率和粒重）上处于较低水平，因此穗部性状较差。进一步分析发现，辽宁地区的着粒密度较高，但结实率同样处于较高水平，也是由于辽宁地区在籽粒灌浆期雨水较少、光照充足有助于改善结实性，从而结实率并未随着粒密度的增大而降低（徐正进等，2004）。因此，在不同生态环境条件下，理想株型育种工作应充分考虑环境条件对穗部性状的影响，培育出适应当地生态环境条件的穗部性状理想株型材料。通过对不同生态环境条件下不同株型类型间穗部性状的差异分析表明，各株型类型间穗部性状的差异并无明显的规律性，生态条件对不同株型类型间穗部性状的影响不显著，群体材料的遗传因素起决定性作用。

二、穗部性状与株型性状的关系比较

本文研究表明，不同生态区域间株型性状中的剑叶宽与一次枝梗数、二次枝梗数、穗粒数、着粒密度以及穗重呈极显著正相关，但剑叶宽度与一次枝梗结实率和二次枝梗结实率表现为负相关；不同生态区域间剑叶宽与穗部性状关系表现基本一致，表明生态环境对剑叶宽与穗部性状的关系无明显的影响，说明在理想株型育种实践过程中，在保证较高结实率的情况下，适当增加剑叶宽度有利于形成大穗。四个生态区一次枝梗数与剑叶弯曲度呈负相关；千粒重和穗重与剑叶长呈正相关；着粒密度与剑叶长和剑叶宽呈负相关。说明以上株型性状与穗部性状的关系受环境条件影响很小。在广东、四川和上海地区二次枝梗数与剑叶长和剑叶弯曲度呈正相关趋势，但辽宁表现为负相关。上海地区的穗粒数与剑叶长呈正相关，其他地区因群体不同而异；四川和上海一次桔梗结实率与剑叶长呈负相关趋势，辽宁和广东因组合而异。以上说明，在育种实践中，应注意生态环境条件对穗部性状与剑叶形态的关系，做到统筹兼顾。穗部性状与株高、穗长和颈穗弯曲度均存在一定相关性，大多因组合和生态区域不同其相关方向和显著性不同。综合以上说明，理想株型育种涉及很多的因素，既有制约又有互补，对任意一个性状都不是越高越好，因此，育种者要在实践中统筹兼顾，选育出穗部性状与株型特性和生态条件相适宜的品种。

三、穗部性状与籼粳属性的关系比较

目前以亚种间杂种优势利用与理想株型相结合为技术路线，是我国超级稻育种的重要手段（陈温福等，2001；袁隆平，1997）。理想株型是在特定的生态和生产条件下与丰产性有关的各种有利性状的最佳组配方式。根据生理生态和产量潜力研究结果，国内外提出了一些新株型模式（杨守仁等，1996；Khush et al.，1995；袁隆平，1997；周开达等，1997；黄耀祥，2001）。从具理想株型性状的大量育成品种籼粳血缘上看，仍然呈南籼北粳的分布态势，籼粳稻穗部性状也存在一定差异。由于南方籼稻和北方粳稻品种均存在许多高产品种，说明亚种特性与产量性状间无必然联系（徐海等，2009）。但在某以特定群体内部，程氏指数可能与穗部性状有密切关系（徐正进等，2003），并在不同生态条件下存在差异。本研究表明，北方地区随着程氏指数值的增加，代表“库”结构特性的枝梗数和穗粒数减少，粒重和穗重显著增加，同时结实率（包括一次枝梗结实率和二次枝梗结实率）明显增加，这与本研究前期低世代（F_2）的表现的趋势一致（赵明珠等，2012）。徐海等（2009）研究结果表明，程氏指数与结实率呈极显著正相关，籼型血缘的引入必然影响结实率的提高，与本研究存在差异，原因有待进一步研究。以上表明，在北方粳稻区辽宁在育种实践过程中可以适当引入部分籼性血缘，从而将枝梗数（一次枝梗数和二次枝梗数）、粒数与结实率、穗重合理地统一起来。本研究同时表明，四川和上海地区随粳型血缘的增加，结实率也有增加趋势，特别在四川地区达到了显著水平；在广东地区表现在穗重和粒重有增加趋势。粳性血缘的加入可以在保证一定穗粒数的前提下改善四川和上海地区籼稻结实性差的缺点，同时可提高广东地区的穗重水平。综合以上分析表明，籼粳亚种的穗部性状可以实现取长补短，育成综合籼粳优点，适合不同生态条件的新品种（徐正进等，2003）。

第七章
籼粳交后代低世代群体亚种分化机制研究

第一节　试验设计与材料

一、田间试验

本试验采用典型籼粳稻杂交后代 F_2、F_3 代群体，亲本是典型籼稻七山占（程氏指数 7）和典型粳稻秋光（程氏指数 22），F_1 代材料种于海南，F_2 和 F_3 代材料分别在辽宁省沈阳农业大学水稻研究所试验田（N 41°49′，E 123°34′）和广东省农业科学院白云山基地（N 23°25′，E 113°25′）两个不同的生态地区下种植。其中，F_2 代辽宁材料于 2010 年，4 月 18 日播种，5 月 22 日插秧，行距 30 cm，株距 13. 3 cm，共种植约 900 株；广东材料于 4 月 27 日播种，5 月 12 日插秧，行距 20 cm，株距 20 cm，共种植约 800 株，栽培管理完全按照当地生产田标准。

F_3 代材料分别由 F_2 代通过混合法（Bulk harvesting Method，BM）和单粒传法（Single-Seed Descent method，SSD）收获得到，于 2011 年，同样分别种植在辽宁和广东两地，地点及坐标与 F_2 代材料相同。辽宁材料于 4 月 23 日播种，5 月 23 日插秧；广东材料于 4 月 30 日播种，5 月 16 日插秧；混合法两地分别约 800 株，混合种植；单粒传法两地区按单粒收种并种植 150 株以上。栽培管理及种植密度也 F_2 代材料相同。

二、籼粳亚种属性判定（形态指数）

籼粳亚种属性的判别按照程侃声的形态指数法（程侃声，1993）。于抽穗期调查叶毛和壳色，成熟后将已调查的植株按株收种，并于风干后，进行室内考种。每株取长势中等的5穗，调查第1~2穗节长，籽粒长宽比，稃毛，酚反应，并将各项分别评分后，再计入总分。酚反应是将籽粒浸泡于2%的苯酚溶液中72 h，取出干燥后观察结果。籽粒长宽比是每株随机取10粒发育完整的种子以游标卡尺分别测其长宽后取平均值。各性状具体打分标准如表7-1所示。

表7-1　程氏指数法鉴别性状的级别及评分

项目	等级及评分				
	0	1	2	3	4
稃毛	短、齐、硬、直、匀	硬、稍齐、稍长	中或较长、不太齐、略软、或仅有疣状突起	长、稍软、欠齐或不齐	长、乱、软
酚反应	黑	灰黑或褐黑	灰	边及棱微染	不染
1~2穗节长	<2 cm	2.1~2.5 cm	2.6~3 cm	3.1~3.5 cm	>3.5 cm
抽穗时壳色	绿白	白绿	黄绿	浅绿	绿
叶毛	甚多	多	中	少	无
籽粒长宽比	>3.5	3.1~3.5	2.6~3.0	2.1~2.5	<2

注：以六个主要性状为指标综合打分，按分值来判断其籼粳属性，总分≤8为籼；9~13为偏籼；14~18为偏粳；>18为粳。

三、经济性状的考查

将种子风干后，对 F_2 和 F_3 代混合法群体的以下性状进行室内考查：有效穗数、每穗粒数、千粒重、一次枝梗数、二次枝梗数、一次枝梗粒数、二次枝梗粒数、单株产量、每株粒数、着粒密度、结实率。

四、分子标记法

1. DNA 提取

采用 CTAB 法（Murray 和 Thompson，1980）提取水稻叶片基因组 DNA，并对该方法进行一定的改良。

（1）将配制好的 CTAB 放入恒温水浴箱中 65℃水浴。

（2）在抽穗期分别于广东和辽宁地区田间取回新鲜的叶片，放于超低温冰箱保存。

（3）取少量新鲜叶片，去叶脉后，与钢珠一起放入 2 mL 离心管中。

（4）将离心管放入液氮中冷冻 10 min，随后其放入 Qiagen TissueLyser 中，以频率 20 次/s，破碎 35 s。

（5）在叶片已充分破碎后，加入 700μLCTAB 溶液到离心管中。

（6）于 65℃下水浴 60 min，期间多次摇动离心管。

（7）加入 350 μL Tris-平衡酚（Solarbio）后，迅速加入 350 μL 的氯仿：异戊醇（24：1），并震荡 30 s 后，冰浴 15 min。

（8）以 12 000 转/分，离心 10 min。

（9）将上清液转入另一 1. 5 mL 离心管中。

（10）加入等体积的氯仿：异戊醇（24：1），再抽提一次。

（11）再次以 12 000 转/分，离心 10 min。

（12）取上清液加入到另一支新的 1. 5 mL 离心管中，再加入-20℃下预冷的等体积异丙醇，并在-20℃下放置 0. 5 h。

（13）以 12 000 转/分，离心 10 min。

（14）倒去上清，70%乙醇洗涤 1~2 次。

（15）将洗涤后的 DNA 沉淀风干。

（16）加入适量 TE 溶液溶解沉淀，置于 4℃下备用。

2. 高浓度琼脂糖凝胶配制 <300 mL>

（1）称取 14 g 琼脂糖（Invitrogen）放于 500 mL SCHOTT-DURAN 瓶中。

（2）加入 325 mL 0. 5×TBE，拧紧瓶盖。

（3）在微波炉上以高火加热 4 min。

（4）将瓶剧烈震荡后，小心拧松瓶盖放气，反复多次至正常气压。

（5）继续在微波炉中加热 1 min 15 s 后，重复步骤（4）。

（6）继续加热 1 min 后，重复步骤（4）。

（7）加热 50 s 后，重复步骤（4）。

（8）加入 6 μL EB 或 Goldview，拧紧盖摇匀。

（9）重复步骤（4）。

（10）放入微波炉加热 40 s，重复步骤（4）。

（11）静置 30 s 后倒入制胶器，并迅速放置制胶梳子。

（12）注意进行步骤（4）时一定要剧烈且迅速，防止胶冷却起气泡以及照相时背景过亮。

3. 分子标记分析

本试验共使用 62 个 InDel 和 ILP 标记，引物序列参考已发表文献获得（Shen et al.，2004；Wang et al.，2005），该标记使用日本晴和 93-11 为基础开发，并经过一些典型籼粳稻进行验证，为具有籼粳特异性的中性标记，同时经过本文中所使用的亲本验证，保证标记在亲本中有籼粳特异性差异。根据 IRGSP 的物理图谱用 MapChart 绘制成标记连锁图（图 7-1），引物由北京华大基因合成。

PCR 体系 15 μL：50ng DNA 模板、7.5 μL2x Taq MasterMix（北京康为世纪公司）和 10mmol · L^{-1}正反引物。PCR 反应使用 ABI GenePCR System 9700，PCR 产物用 3%～5%琼脂糖凝胶电泳检测，并用 Bio-Rad 凝胶成像仪读取结果。PCR 扩增条件如下。

（1）InDel 引物扩增条件：94℃预变性 5 min，94℃变性 30 s，55℃复性30 s，72℃延伸 40 s，循环 40 次，72℃延伸 5 min，降至室温后，4℃保存。

（2）ILP 引物扩增条件：94℃预变性 5 min，94℃变性 30 s，59℃复性 30 s，72℃延伸 1 min，循环 25 次，94℃变性 30 s，56℃复性 30 s，72℃延伸 1 min，循环 15 次，72℃延伸 5 min，降至室温后，4℃保存。

4. 基因型的确定和基因频率的统计

InDel 和 ILP 标记为共显性标记，将检测结果分为籼基因型（AA），粳基因型（BB）和籼粳基因型（AB）。用粳型判别值 Dj（Frequency distribution of ja-

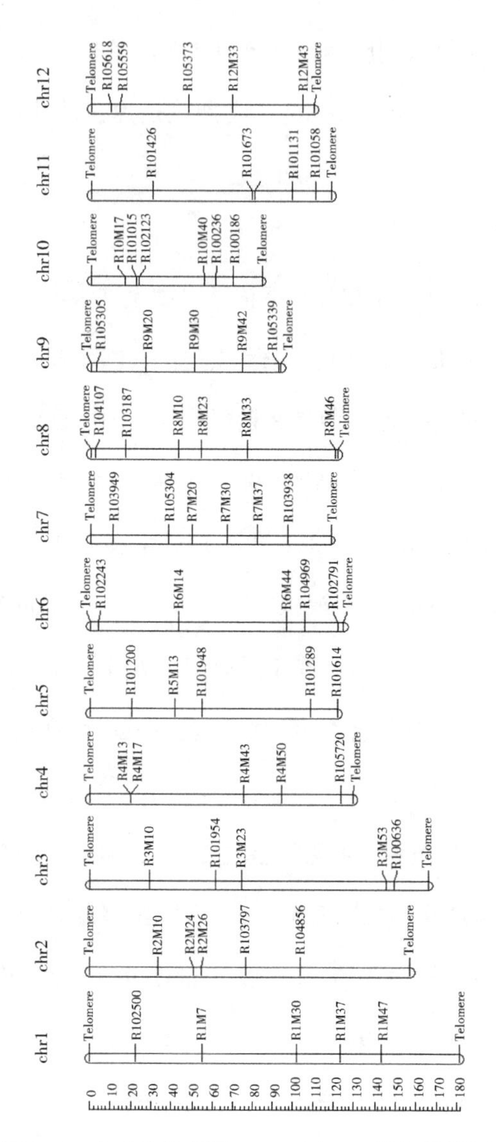

图 7-1 文中所使用的 InDel 及 ILP 标记连锁图

ponica kinship percentage）表示籼粳成分或血缘，Dj（%）= 粳型位点数/（籼型位点数 + 粳型位点数）×100。

5. 数据统计及分析

本试验中使用 Microsoft Office 和 SPSS Ver. 19 对实验数据进行正态分布、T 检验、K-S 检验、相关性分析等数据分析处理，并将处理结果作图或表应用于本研究中。

第二节　不同生态条件及世代籼粳亚种分化

一、不同生态条件及世代籼粳亚种分化

在本研究中，籼粳交 F_2 和 F_3 代群体分别种植于辽宁和广东两个不同生态地区，并且 F_3 代由 F_2 代分别以混合法（BM）和单粒传法（SSD）收获得到。两地区的群体在亚种属性上都呈连续分布（图 7-2），并且无明显界线。通过比较 F_2 和 F_3 混合法群体，发现在 F_3 群体中出现明显偏分离现象，在辽宁地区群体偏向粳型（图 7-2a，7-2c），平均值为 14. 3，而在广东地区群体偏向籼型（图 7-2b，7-2d），而 F_2 群体在两地区间并无明显偏分离。其中 F_2 代辽宁地区群体平均值为 11. 4，广东为 12. 7，差异不显著，而 F_3 代辽宁地区群体平均值为 14. 3，而广东为 11. 7，且经 K-S 检测 $P=0$，差异显著。另外，在辽宁地区，发现 F_2 代中出现由杂种优势引起的籼型超亲个体，而在 F_3 中消失；而在广东地区，F_2 同样有籼型超亲个体，而在 F_3 中，由于群体向籼型偏分离，仍然留有籼型超亲个体，但与 F_2 代相比较，程氏指数小于 5 的极端个体消失。在单粒传法群体的比较上，辽宁地区 F_3 单粒传法群体平均值为 13. 0，而广东地区为 13. 9，并且 F_3 两

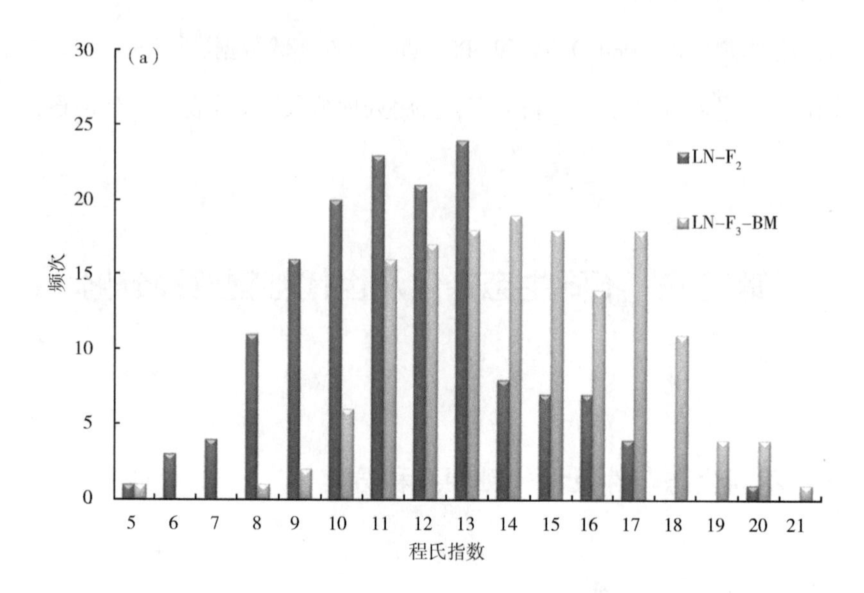

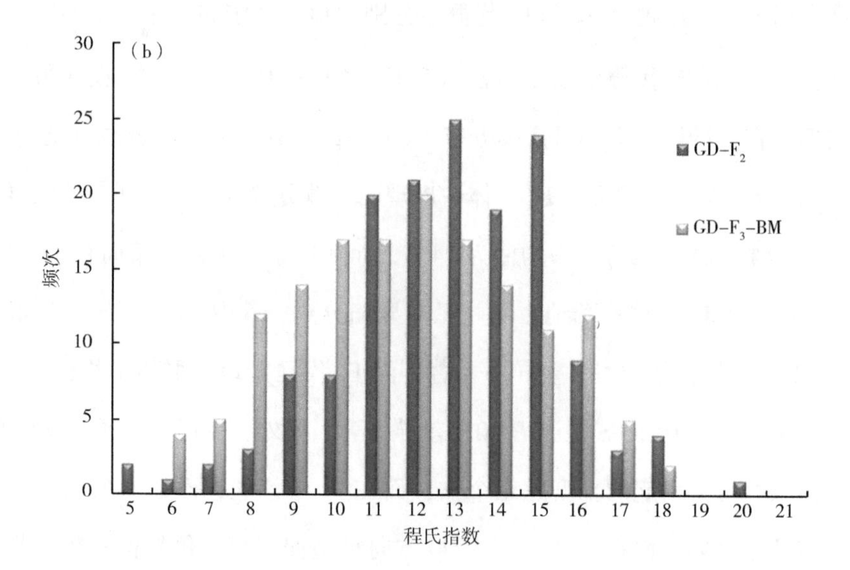

图 7-2 辽宁（a 和 c）和广东（b 和 d）地区 F_2 和 F_3 群体的程氏指数频次分布

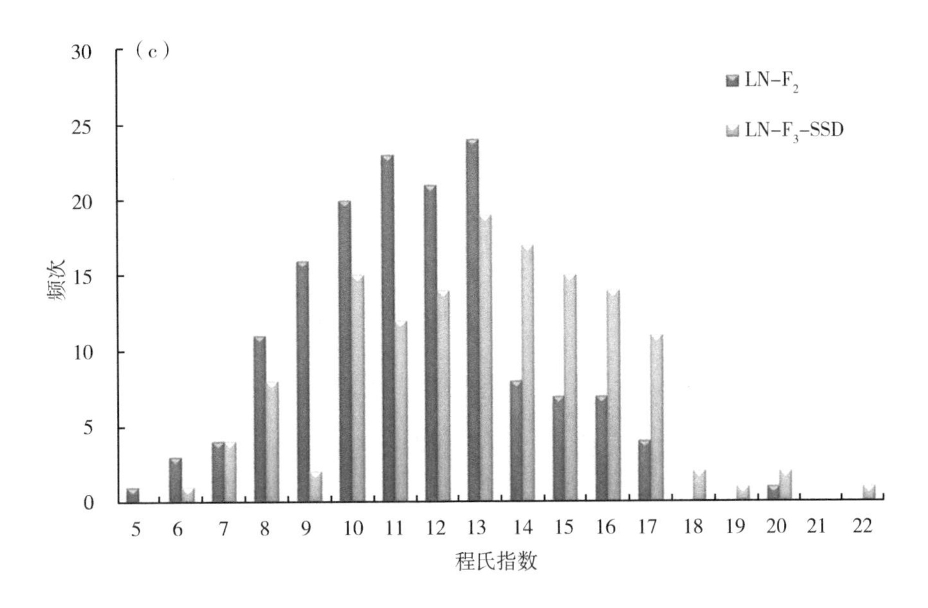

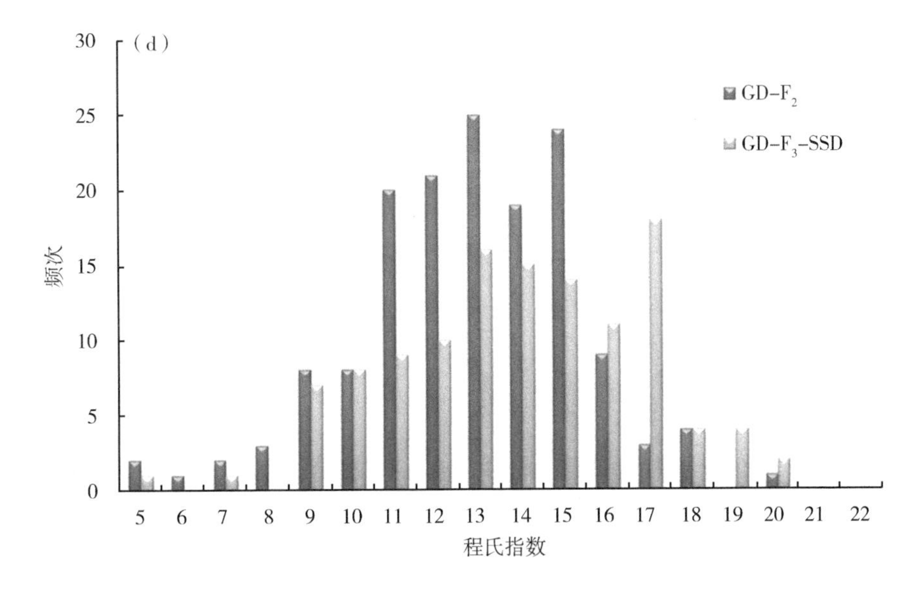

图 7-2　辽宁（a 和 c）和广东（b 和 d）地区 F_2 和 F_3 群体的程氏指数频次分布（续）

地区群体间无显著差异（K-S 检测 $P=0.073$），而在辽宁地区上，F_3 比 F_2 略微偏粳。另外，在 F_2 及 F_3 代群体中都有籼型超亲个体，但 F_2 的超亲个体多于 F_3 代，同时在辽宁地区 F_3 代单粒传法群体出现粳型超亲个体。

都与总趋势一致；而在籽粒长宽比上，所有亚种类型都与总趋势相符；在程氏指数上籼型与粳型与总趋势相符。而广东 F_3 代群体程氏指数及大部分亚种属性上偏向于籼型，其中在稃毛上，只有粳型及总体上与总趋势相符；在酚反应上，只有籼型与总趋势一致；在叶毛上，所有亚种类型都与总趋势相反；在壳色、1~2 穗节长及籽粒长宽比上，所以类型都与总趋势一致；在程氏指数上，籼型与偏粳型与总趋势不符。由此可看出，大部分亚种属性各自都有的分离，只有在群体总水平上程氏指数才与群体分化趋势一致，而发现 1~2 穗节长（LPI）和籽粒长宽（LWR）比两项指数，在各亚种类型与总体上都与群体分化的总趋势一致，说明两性状在籼粳交后代亚种形态分类研究中有较高的准确性，与籼粳分化有较密切的联系。

二、不同生态条件下后代处理方法对籼粳亚种分化的影响

根据表 7-2、表 7-3、图 7-3 可以看出，F_3 代混合法（BM）与单粒传法（SSD）群体间在分布上有明显的差异。在广东地区，混合法群体比单粒传法偏向籼型（图 7-3b，7-3d），在单粒传法中程氏指数为 17 的个体较多；在辽宁地区，混合法偏向粳型（图 7-3a，7-3c），而单粒传法中程氏指数为 9 的个体较少，出现了不连续性。另外，两地混合法之间也有明显差别，广东地区混合法偏

表 7-2　广东地区 F_2 和 F_3 代不同亚种类型间的亚种属性变化

亚种类型	参数	稃毛		酚反应		叶毛		壳色		1~2 穗节长		籽粒长宽比		程氏指数	
		F_2	F_3	F_2	F_3	F_2	F_3	F_2	F_3	F_2	F_3	F_2	F_3	F_2	F_3
籼型 H	平均值	0.50	0.84	2.11	1.72	1.00	2.72	1.56	0.84	1.11	0.87	0.79	0.65	7.07	7.63
	变异系数	0.61	0.80	0.78	0.74	0.87	0.98	1.13	0.37	0.90	0.73	0.82	0.45	1.24	0.83
	T 检验	-1.15		1.34		-4.64**		2.82**		0.81		0.64		-1.53	
偏籼型 H′	平均值	1.33	1.38	2.03	2.33	2.64	3.38	2.30	1.37	2.06	1.80	1.30	0.97	11.67	11.23
	变异系数	0.83	0.73	0.86	0.98	1.03	0.74	0.97	0.99	1.00	0.83	0.56	0.63	1.30	1.41
	T 检验	-0.45		-2.12*		5.34**		6.21**		1.82		3.7**		2.09*	
偏粳型 K′	平均值	1.68	1.74	3.01	3.51	3.29	3.79	2.92	2.72	2.76	2.35	1.32	1.08	14.98	15.20
	变异系数	0.70	0.85	1.07	0.82	0.71	0.41	0.73	0.79	0.89	0.94	0.55	0.53	0.80	1.03
	T 检验	-0.36		-2.42*		-3.99**		1.23		2.11*		2.01*		-1.13	
粳型 K	平均值	2.80	2.50	3.80	4.00	3.40	4.00	3.20	3.00	3.56	3.00	1.72	1.15	18.48	17.65
	变异系数	0.45	0.71	0.45	0.00	0.55	0.00	0.45	0.00	0.36	0.85	0.59	0.21	1.12	0.71
	T 检验	0.70		-0.60		-1.46		0.60		1.35		1.26		0.99	
总体	平均值	1.44	1.40	2.42	2.56	2.78	3.39	2.49	1.65	2.28	1.80	1.29	0.95	12.70	11.75
	变异系数	0.85	0.83	1.05	1.10	1.06	0.79	0.97	1.10	1.06	0.97	0.59	0.59	2.58	2.84
	T 检验	0.45		-1.15		-5.61**		6.97**		4.07**		5.10**		3.03**	

注：* 和 ** 分别表示显著和极显著差异（$P<0.05$ and $P<0.01$），下同。

表 7-3　辽宁地区 F_2 和 F_3 代不同亚种类型间的亚种属性变化

亚种类型	参数	稃毛		酚反应		叶毛		壳色		1~2 穗节长		籽粒长宽比		程氏指数	
		F_2	F_3	F_2	F_3	F_2	F_3	F_2	F_3	F_2	F_3	F_2	F_3	F_2	F_3
籼型 H	平均值	1.40	1.50	1.55	2.00	1.24	0.50	1.43	0.00	0.30	1.20	1.45	1.45	7.38	6.65
	变异系数	0.56	0.71	0.65	0.00	0.94	0.71	1.08	0.00	0.48	0.28	0.43	0.07	1.01	1.77
	T 检验	-0.23		-0.96		1.07		1.84		-2.58*		0.01		0.93	
偏籼型 H′	平均值	1.72	2.00	2.39	2.86	2.26	2.12	2.57	2.19	0.62	0.81	1.64	1.69	11.20	11.67
	变异系数	0.67	0.76	1.09	0.94	1.27	1.08	1.00	1.22	0.59	0.55	0.47	0.51	1.38	1.11
	T 检验	-2.44*		-2.81**		0.73		2.18*		-2.07*		-0.59		-2.23*	
偏粳型 K′	平均值	2.30	2.20	3.44	3.26	3.36	3.33	3.32	3.25	1.12	1.60	1.74	1.81	15.29	15.45
	变异系数	0.91	0.83	1.00	0.93	0.70	0.81	0.48	0.75	0.77	0.90	0.57	0.58	1.06	1.17
	T 检验	0.49		0.81		0.14		0.45		-2.33*		-0.52		-0.63	
粳型 K	平均值	4.00	3.30	4.00	3.50	4.00	3.55	4.00	3.75	2.80	2.52	1.00	2.10	19.80	18.72
	变异系数	0.00	0.86	0.00	0.69	0.00	0.83	0.00	0.44	0.00	1.05	0.00	0.56	0.00	1.02
	T 检验	0.79		0.71		0.53		0.55		0.26		-1.92		1.03	
总体	平均值	1.79	2.26	2.46	3.12	2.31	2.85	2.55	2.85	0.67	1.41	1.63	1.80	11.41	14.29
	变异系数	0.76	0.91	1.15	0.93	1.30	1.14	1.08	1.15	0.67	0.98	0.49	0.56	2.63	2.83
	平均值	-4.88**		-5.48**		-3.78**		-2.38*		-7.58**		-2.80**		-9.12**	

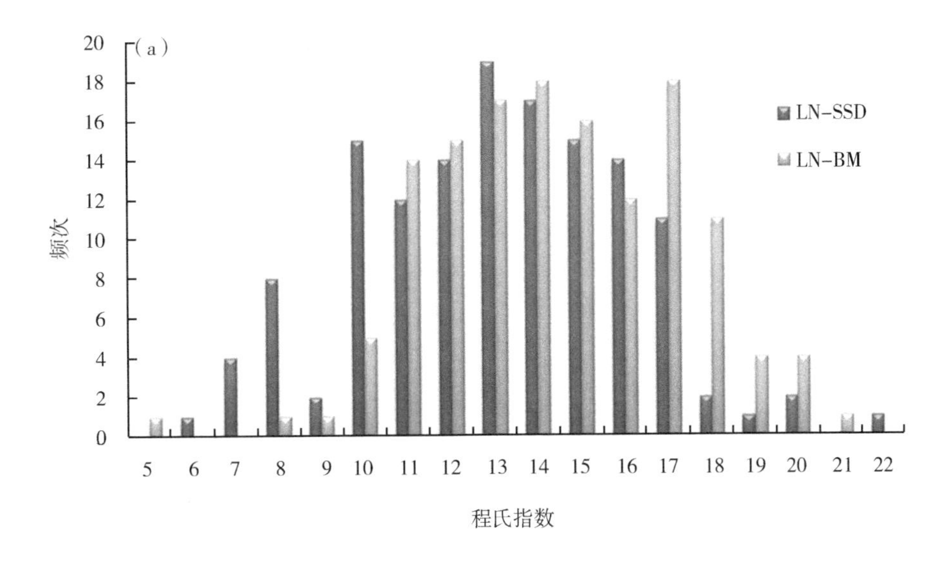

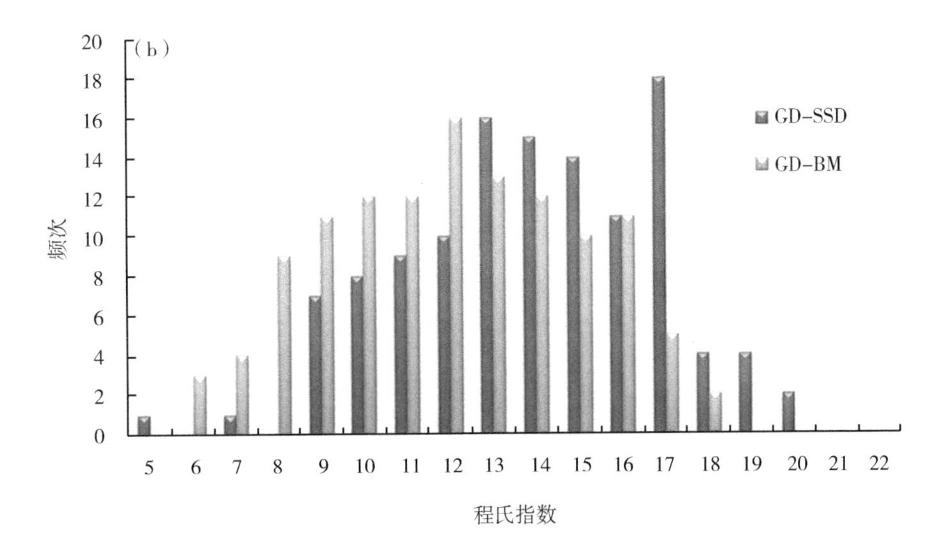

图 7-3　辽宁（a 和 c）和广东（b 和 d）地区 F_3 混合法（BM）和单粒传法（SSD）群体的程氏指数、粳型判别值（Dj）频次分布

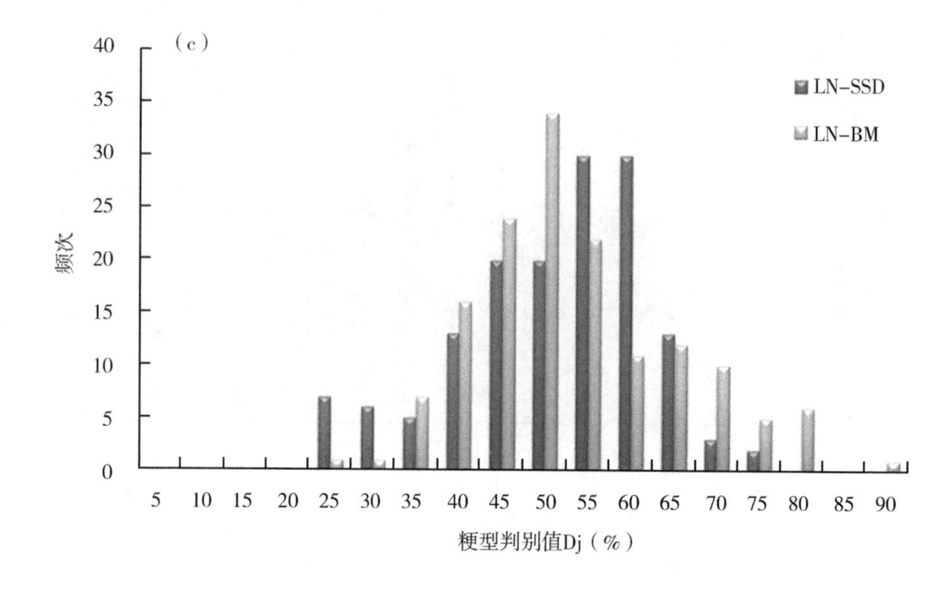

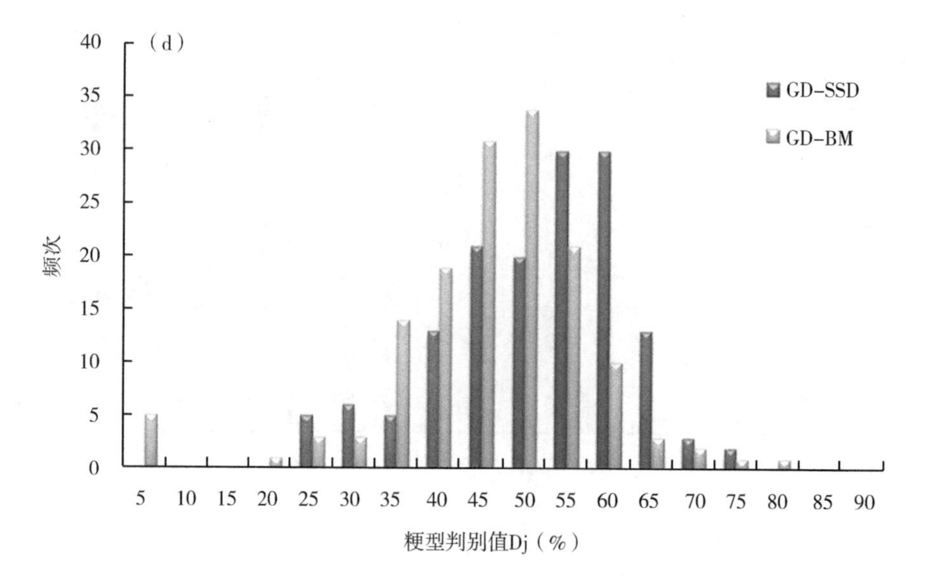

图 7–3 辽宁（a 和 c）和广东（b 和 d）地区 F_3 混合法（BM）和单粒传法（SSD）群体的程氏指数、粳型判别值（Dj）频次分布（续）

向籼型，而辽宁地区偏向粳型，并且两地区混合法群体的正态性较好，不同频率间连续性较强。但两地区单粒传法群体间并无显著性差异，但辽宁地区比广东地区有较好的正态性。

根据粳型判别值（Dj）的频次分布图上（图7-3c，7-3d），我们发现两个

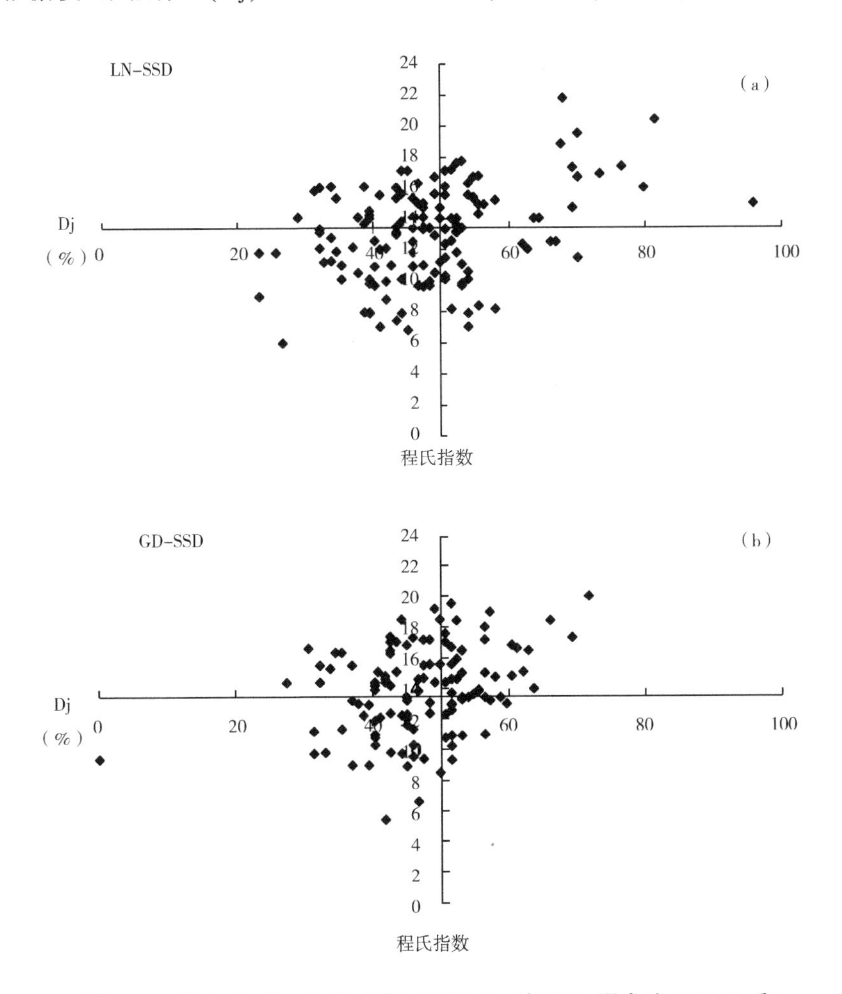

图7-4　辽宁（a和c）和广东（b和d）地区 F_3 混合法（BM）和单粒传法（SSD）群体的籼粳型分布

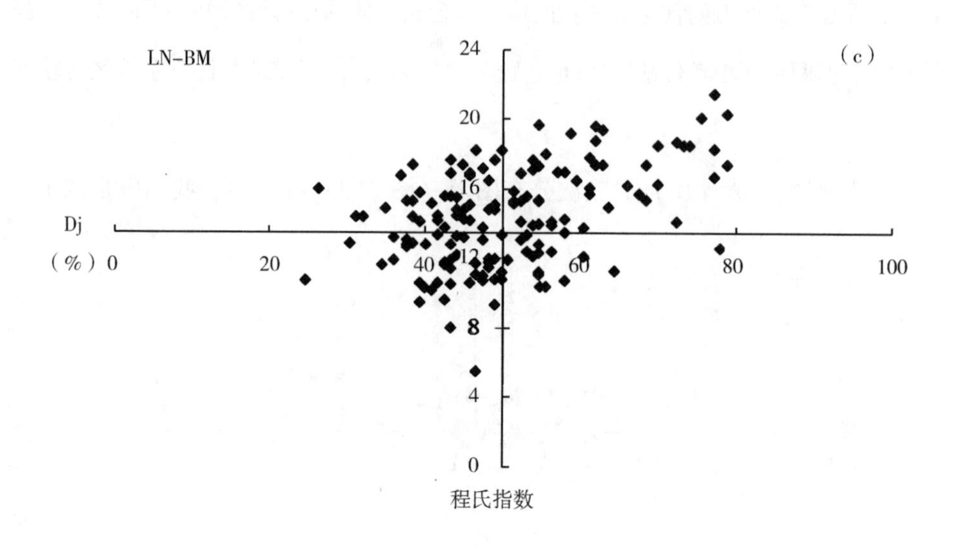

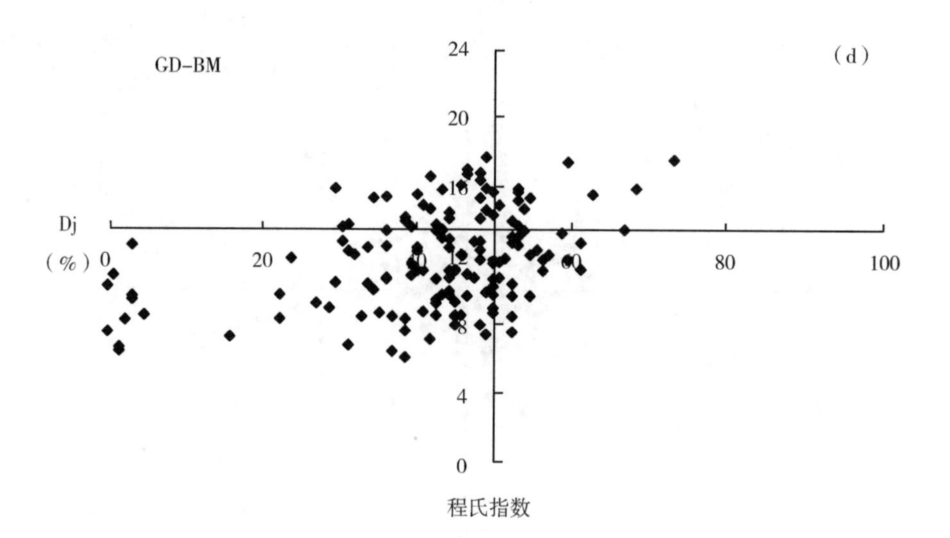

图 7-4 辽宁（a 和 c）和广东（b 和 d）地区 F_3 混合法（BM）和单粒传法（SSD）群体的籼粳型分布（续）

地区的混合法及单粒传法群体与亚种属性相同都呈连续性变异，但 Dj 的分布在连续性上好于亚种属性，说明在遗传水平分类的分子标记法的准确性要高于程氏指数法。同时，混合法群体的正态性好于单粒传法，而且分布范围也较广，说明混合法群体的随机性更大。辽宁地区群体同样偏向粳型，而广东地区群体偏向籼型，其中在辽宁地区混合法群体中出现粳型极端个体，而在广东地区混合法群体中出现籼型极端个体。该结果与程氏指数所得结果总体趋势一致，说明两地区及两种后代处理方法的群体的分布结果是准确的。同时也说明，程氏指数法与分子标记法同样适用于籼粳交后代亚种分化的研究。

通过利用程氏指数和 Dj 对 F_3 代群体综合分析（图 7-4），依然发现混合法在两个地区上存在明显的偏分现象，辽宁地区偏粳而广东地区偏籼，但是单粒传法却显现出与混合法明显的差别，两地区的 Dj 的分布都集中在中间值。该结果表现出混合法群体的偏分现象显著地高于单粒传法。同时，该图还可表明程氏指数法与分子标记法在籼粳交后代群体中分类结果的相符程度，若数据落在 1 象限和 3 象限中，则说明程氏指数法与分子标记法分类所得结果相符，而落于 2 象限和 4 象限则不相符。结果显示，辽宁和广东单粒传法符合度为 55. 80% 和 58. 82%，而混合法分别为 56% 和 62. 33%，所有群体符合度都超过 55%，说明程氏指数法和分子标记法所得分类结果有较好的一致性。另外，如若程氏指数与分子标记不相关，或两者完全分离，则应在 4 个象限完全随机分布，即在 2 象限和 4 象限中，应分布有程氏指数法和分子标记法的 50% 的极端个体。但图中结果显示，所有 2 象限和 4 象限中的数据都集中于原点附近，并没有大范围散状分布，以及极端个体分布；所有程氏指数 20 左右的个体，其 Dj 值在都超过 70%，而所有 Dj 值小于 20% 的个体，其程氏指数都小于 12。该结果说明虽然程氏指数法所

表 7-4　F_3 混合法群体不同籼粳血缘（Dj）亚种属性的变化

粳型血缘	参数	稃毛		酚反应		叶毛		壳色		1~2 穗节长		籽粒长宽比		程氏指数	
		辽宁	广东	辽宁	广东	辽宁	广东	辽宁	广东	辽宁	广东	辽宁	广东	辽宁	广东
籼型 0~25%	平均值	1.0	0.7	2.0	2.1	3.0	3.1	3.0	1.1	0.0	1.7	1.6	0.3	10.6	9.1
	变异系数	0.0	0.7	0.0	0.7	0.0	0.5	0.0	0.5	0.0	1.2	0.0	0.5	0.0	1.8
	T 检验	0.380		-0.095		-0.258		1.229		-1.278		2.613 *		0.794	
偏籼型 26%~50%	平均值	1.9	1.4	3.1	2.5	2.7	3.4	2.7	1.7	1.2	1.7	1.7	1.0	13.4	11.7
	变异系数	0.7	0.8	0.9	1.1	1.2	0.8	1.2	1.1	0.8	0.9	0.5	0.5	2.5	2.8
	T 检验	5.282 **		3.931 **		-4.716 **		1.006		-4.202 **		8.248		4.008 **	
偏粳型 51%~75%	平均值	2.5	1.8	3.1	2.8	3.0	3.4	2.9	1.8	1.6	2.0	2.0	1.0	15.1	12.9
	变异系数	1.0	0.9	0.9	1.1	1.0	0.7	1.0	1.1	1.0	1.0	0.6	0.6	2.6	2.3
	T 检验	3.997 **		1.314		-2.133 *		0.593		-2.163 *		7.432 **		4.209 **	
粳型 76~100%	平均值	3.7	—	3.3	—	2.7	—	3.7	—	2.8	—	1.8	—	18.0	—
	变异系数	0.5	—	1.2	—	1.5	—	0.5	—	0.8	—	0.3	—	2.8	—
	T 检验	—		—		—		—		—		—		—	

注：—表示该籼粳血缘范围下无数据，无法 T 检验。

表 7-5　F_3 单粒传法群体不同籼粳血缘（Dj）亚种属性的变化

粳型血缘	参数	稃毛		酚反应		叶毛		壳色		1~2 穗节长		籽粒长宽比		程氏指数	
		辽宁	广东	辽宁	广东	辽宁	广东	辽宁	广东	辽宁	广东	辽宁	广东	辽宁	广东
籼型 0~25%	平均值	2.0	1.0	1.0	3.0	2.0	0.0	3.5	3.0	0.4	2.4	1.5	0.0	10.4	9.4
	变异系数	1.0	0.0	1.0	0.0	0.0	0.0	0.5	0.0	0.4	0.0	0.5	0.0	1.4	0.0
	T 检验	0.577		-1.155		—		0.577		-2.887		1.732		0.412	
偏籼型 26%~50%	平均值	2.3	2.3	3.0	3.3	1.8	1.6	2.9	2.9	0.8	2.2	1.6	1.1	12.4	13.4
	变异系数	1.4	1.3	1.1	0.9	0.9	0.8	0.9	1.0	0.8	1.1	0.5	0.6	2.7	3.0
	T 检验	-0.218		-1.977*		1.761		0.052		-9.015**		5.711**		-2.112*	
偏粳型 51%~75%	平均值	2.4	2.4	2.9	3.4	2.1	2.0	3.3	3.1	1.1	2.5	2.0	1.3	13.7	14.7
	变异系数	1.2	1.1	1.2	0.8	0.8	0.8	0.8	0.9	1.0	1.0	0.6	0.7	3.2	2.5
	T 检验	-0.259		-2.334*		0.900		0.936		-7.049**		5.504**		-1.737	
粳型 76%~100%	平均值	3.5	—	2.5	—	3.3	—	4.0	—	2.1	—	1.9	—	17.2	—
	变异系数	0.5	—	1.1	—	0.8	—	0.0	—	1.3	—	0.1	—	2.0	-
	T 检验	—		—		—		—		—		—		—	

得分类结果与分子标记法不完全相符，但不相符部分也没有过大的偏差，再一次证明两者所得分结果符合度较高，说明程氏指数法适用于籼粳交后代亚种的分类研究。

根据表 7-4 和表 7-5，我们发现混合法群体中的稃毛、壳色、籽粒长宽比与程氏指数都与总变化趋势一致，而酚反应及叶毛虽与总趋势不完全一致但相差并不多，但 1~2 穗节长却与总变化趋势完全相反；在单粒传法群体中，发现只有壳色和籽粒长宽比与总趋势一致，而稃毛、酚反应、叶毛和程数指数都不完全相符，但 1~2 穗节长与混合法群体表现一致，都与总趋势相反。该结果说明，籽粒长宽比与壳色与籼粳血缘 Dj 有紧密的关系。

第三节　不同生态条件下粒型、经济性状差异变化

一、不同生态条件下粒型的变化

分析表 7-2、表 7-3、表 7-4 和表 7-5 可发现，在 F_2 和 F_3 世代中，广东和辽宁地区群体的粒型有显著的差异，并且两世代群体在总体上辽宁地区的籽粒长宽比都显著的高于广东地区。在 F_2 代中，辽宁地区的籽粒长宽比在籼型、偏籼型、偏粳型及粳型 4 种由程氏指数法定义的亚种类型上都显著的高于广东地区；在 F_3 代中，辽宁地区的籽粒长宽比在这 4 种亚种类型上同样显著的高于广东地区，并且其在不同生态条件下的差高于不同世代间的差异。而通过使用粳型判别

值 Dj 将群体亚种类型划分为 4 个亚种类型后，也发现在不同籼粳血缘下辽宁地区的籽粒长宽比显著高于广东。该结果说明籽粒长宽比这一性状不仅对亚种的变化敏感，而且同样在环境的响应上也非常灵敏。

二、不同生态条件及世代经济性状的变化

在调查经济性状过程中，我们发现大部分经济性状都呈正态分布变异，只有有效穗数呈泊松分布变异（图 7-5），并且，不同生态条件下大部分性状在分布上都有显著的差异（表 7-6）。在有效穗数、千粒重、每穗粒数、着粒密度和单株产量这些经济性状上，我们发现辽宁地区的性状表现要好于广东地区的，且在

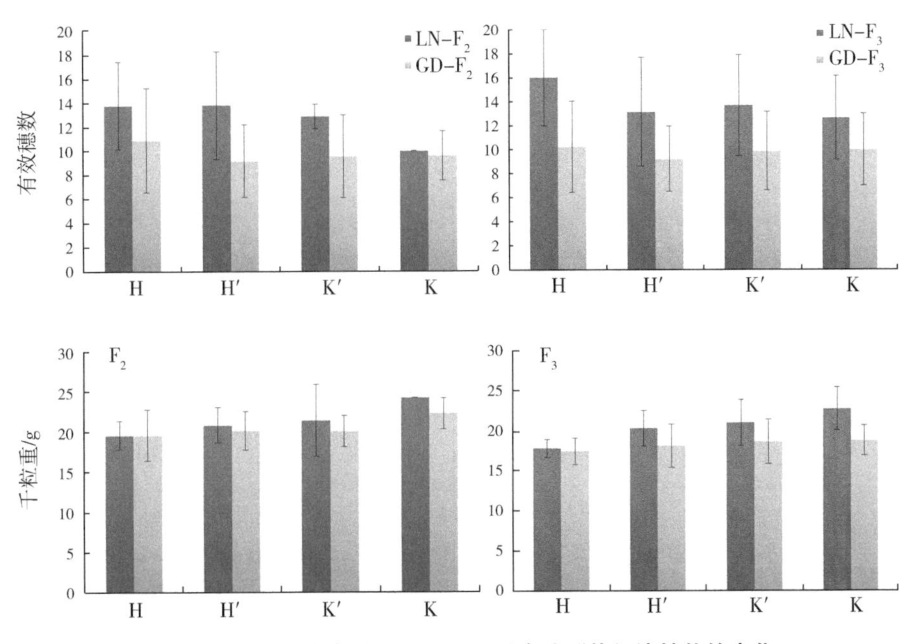

图 7-5　不同生态条件下 F_2 和 F_3 混合法群体经济性状的变化

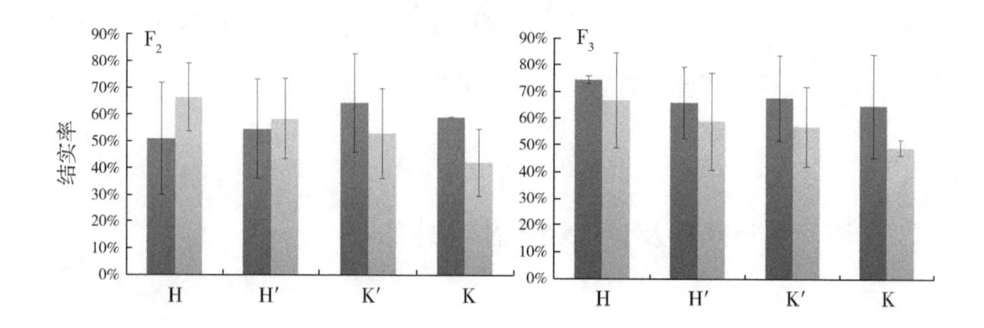

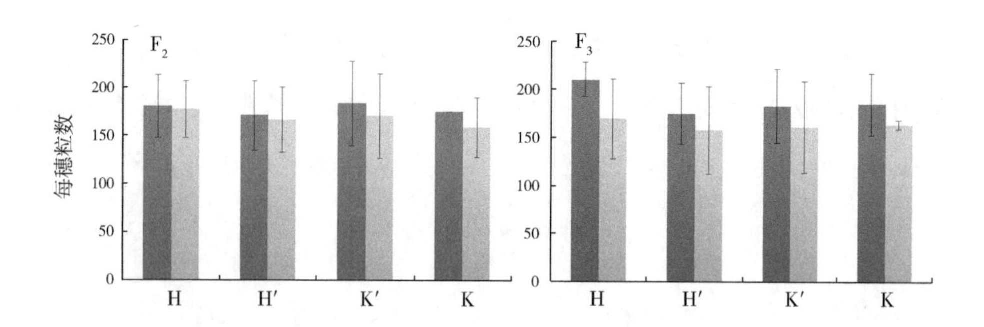

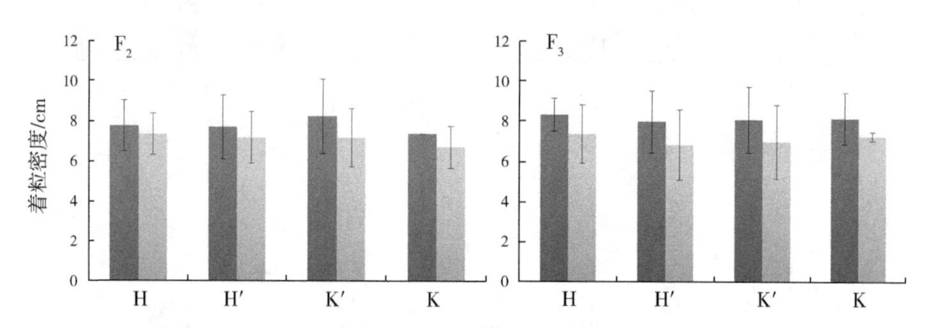

图 7-5　不同生态条件下 F_2 和 F_3 混合法群体经济性状的变化（续）

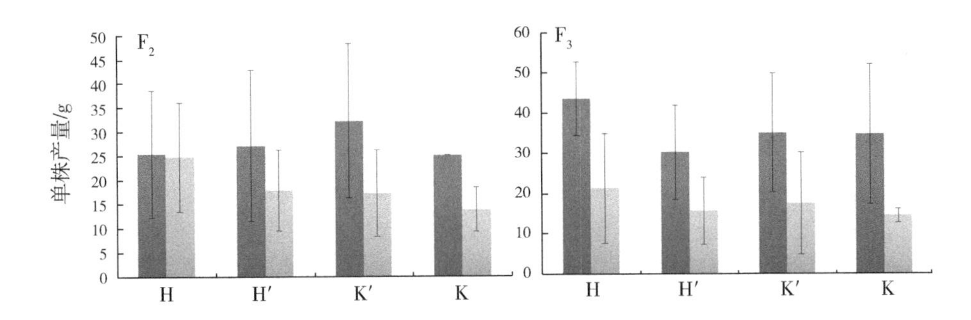

图 7-5　不同生态条件下 F_2 和 F_3 混合法群体经济性状的变化（续）

H＝indica（籼型），H′＝indica-deviated（偏籼型），K′＝japonica-deviated（偏粳型），K＝japonica（粳型）。a＝Normal distribution（正态分布），b＝Poisson distribution（泊松分布），下同

F_2 和 F_3 中偏籼型、偏粳型及总体上的有效穗数、千粒重、着粒密度和单株产量辽宁地区都极显著地高于广东地区。同时，在 F_2 代中，辽宁地区在结实率上粳和偏粳型要高于籼及偏籼型，而广东地区的籼和偏籼型高于粳及偏粳型，呈现明显的生态适应性；而在 F_3 代中，两地区群体的结实率都有升高，并且在任何籼粳类型上，辽宁地区的结实率都高于广东地区的。与 F_2 代群体相比，F_3 代群体在有效穗数、每穗粒数以及单株产量上都有所增长，尤其在粒密度上，整体上都高于 F_2 代。另外，我们也发现在 F_2 和 F_3 代群体中，千粒重都表现为粳型>偏粳型>偏籼型>籼型。

表 7-6　不同生态条件下 F_2 和 F_3 混合法群体经济性状 T 检验表

世代	籼粳类型	有效穗数		千粒重		结实率		每穗粒数		着粒密度		单株产量	
		辽宁	广东	辽宁	广东	辽宁	广东	辽宁	广东	辽宁	广东	辽宁	广东
F_2	籼型 H	1. 195		0. 797		0. 956		0. 677		0. 637		0. 598	
	偏籼型 H′	−7. 654 **		−2. 326 *		−1. 196		−1. 091		−2. 509 *		−4. 773 **	
	偏粳型 K′	1. 936 **		1. 451 *		1. 355		1. 096		1. 511 *		2. 179 **	
	粳型 K	−0. 297		−1. 464		−1. 464		−0. 293		−0. 293		−1. 464	
	总体	4. 388 **		1. 328		0. 924		1. 501 **		1. 963 **		3. 118 **	
F_3	籼型 H	0. 925		0. 463		0. 762		0. 98		0. 816		1. 143	
	偏籼型 H′	2. 261 **		2. 525 **		1. 283		1. 452 *		2. 048 **		3. 288 **	
	偏粳型 K′	1. 925 **		1. 925 **		1. 675 **		1. 464 *		1. 970 **		3. 228 **	
	粳型 K	0. 607		1. 011		1. 079		0. 944		0. 876		1. 146	
	总体	4. 349 **		3. 926 **		1. 848 **		2. 201 **		3. 002 **		4. 907 **	

注：* 和 ** 分别代表两群体在分布上呈显著和极显著差异。下同。

第四节　程氏指数、粳型判别值（Dj）和经济性状间的关系

一、程氏指数与粳型判别值（Dj）的相关性分析

表7-7提示了程氏指数各项指标与Dj之间的关系，我们从中发现无论是在不同生态条件还是不同后代处理方法上，Dj与稃毛、第1~2穗节长、籽粒长宽比和程氏指数都呈显著或极显著性的正相关。而与酚反应、叶毛及壳色上不仅相关性不显著而且相关系数也不高，但却总体成正相关。

表7-7　程氏指数与粳型判别值（Dj）的相关性分析

后代处理方法	生态环境	稃毛	酚反应	叶毛	壳色	1~2穗节长	长宽比	程氏指数
混合法	辽宁	0.511**	-0.012	0.040	0.171*	0.404**	0.326**	0.450**
	广东	0.379**	0.154	0.160	0.148	0.147	0.348**	0.398**
单粒传法	辽宁	0.344**	0.178*	0.004	0.129	0.287**	0.387**	0.372**
	广东	0.298**	0.081	0.107	0.037	0.252**	0.289**	0.326**

注：*和**分别代表显著和极显著相关。下同。

二、F_2代群体程氏指数与经济性状的相关性分析

通过程氏指数与经济性状的相关分析（表7-8和表7-9），我们发现F_2和F_3

代群体的千粒重在辽宁和广东两地区都与程氏指数呈显著的正相关，并且辽宁地区群体的相关性高于广东地区。同时，我们在两世代的每穗粒数和单株产量上发现了一种相同的趋势，在辽宁地区两性状都与程氏指数呈正相关，而广东地区呈负相关，这表现出了在亚种类型上存在一定的生态适应性。结实率在两世代中的广东地区上表现出了显著的负相关性，这意味着广东地区籼型的结实率高于粳型；籽粒长宽比与千粒重的相关性较高，说明粒型与粒重间关系紧密；在 F_3 代中，发现稃毛、酚反应及叶毛与着粒密度间有一定相关性；而在有效穗数上未发现明显的相关性。从表中还发现，F_3 代中的相关性高于 F_2 代，说明随着世代的递增，群体渐渐稳定，性状开始纯合，不同性状之间的关系也慢慢展现出来。

表 7-8　F_2 代群体程氏指数与经济性状的相关性分析

性状	生态环境	有效穗数	千粒重	结实率	每穗粒数	着粒密度	单株产量
稃毛	辽宁	0.06	0.152	0.071	0.039	0.044	0.113
	广东	-0.111	0.064	-0.265	0.058	0.039	-0.204
酚反应	辽宁	0.126	0.057	0.06	0.145	0.168*	0.178*
	广东	-0.086	0.097	-0.056	0.271	0.198	0.027
叶毛	辽宁	-0.028	0.091	-0.035	0.157	0.143	0.089
	广东	-0.026	-0.014	-0.136	-0.154	-0.037	-0.160
壳色	辽宁	-0.086	-0.082	0.105	0.027	-0.01	0.07
	广东	-0.006	-0.144	-0.068	-0.130	-0.086	-0.146
1~2 穗节长	辽宁	-0.061	-0.094	-0.059	0.046	0.085	-0.073
	广东	0.093	0.097	-0.222	0.053	-0.161	-0.051
长宽比	辽宁	0.104	-0.116	-0.039	0.124	0.126	0.033
	广东	0.001	0.548	-0.260	-0.208	-0.016	-0.100
程氏指数	辽宁	-0.079	0.284**	0.142	0.031	0.051	0.101
	广东	-0.046	0.165	-0.341	-0.008	-0.023	-0.220

表 7-9　F_3 代群体程氏指数与经济性状的相关性分析

性状	生态环境	有效穗数	千粒重	结实率	每穗粒数	着粒密度	单株产量
稃毛	辽宁	0.041	0.274**	-0.006	0.084	0.033	0.141
	广东	-0.149	0.018	-0.200*	0.134	0.226**	-0.153
酚反应	辽宁	-0.247**	-0.009	0.078	0.313**	0.285**	0.005
	广东	-0.012	0.014	-0.159	0.139	0.135	-0.033
叶毛	辽宁	-0.111	-0.006	-0.116	0.081	0.148	-0.113
	广东	-0.012	0.054	-0.246**	-0.251**	-0.210*	-0.184*
壳色	辽宁	-0.003	0.134	0.048	-0.153	-0.153	-0.011
	广东	0.089	0.063	0.013	-0.017	-0.012	0.034
1~2 穗节长	辽宁	0.067	0.287**	0.104	0.064	-0.144	0.234**
	广东	0.12	0.055	0.029	0.016	-0.119	0.069
长宽比	辽宁	0.092	0.474**	-0.225**	-0.055	-0.056	0.094
	广东	-0.128	0.308**	-0.263**	-0.161*	-0.042	-0.184*
程氏指数	辽宁	-0.073	0.330**	-0.012	0.112	0.042	0.096
	广东	0.001	0.133	-.230**	-0.01	0.004	-0.109

三、粳型判别值（Dj）与经济性状的相关性分析

在分析粳型差别值与经济性状的相关性上（表 7-10），我们发现了一些与程氏指数和经济性状间的相关性相似处。千粒重依然表现为正相关，并且辽宁地区高于广东，只是在广东地区的相关系数值上并不高；在单株产量上，我们也找到了与之前相同的趋势，辽宁地区成正相关而广东地区呈负相关，但是依然相关系数值不高。与程氏指数不同的是，在有效穗数上发现了一定相关性，辽宁地区呈

正相关，广东地区呈负相关，该现象是生态适应性的表现，说明程氏指数虽然是在形态学水平多性状的综合分类，但依然无法顾及全部性状，而在分子水平上，是全基因组水平检测，能发现与程氏指数不相关而与籼粳血缘相关的一些性状，而有效穗数便是其中之一。

表 7-10　粳型判别值（Dj）与经济性状的相关性分析

生态环境	有效穗数	千粒重	结实率	每穗粒数	着粒密度	单株产量
辽宁	0.135	0.505**	−0.127	−0.125	−0.13	0.128
广东	−0.272**	0.076	−0.406**	−0.128	0.023	−0.411**

四、功能基因区域血缘与粳型判别值（Dj）的关系

在表 7－11 中，我们根据水稻基因数据库（http：//www.RiceData.cn/gene/）选择了一些在文中籼粳标记 6—8 cM 附近并与粒型、粒重有关的功能基因（Li et al.，2004；Motoyuki et al.，2005；Fan et al.，2006；Shomura et al.，2008；Weng et al.，2008；Bai et al.，2010；Shao et al.，2010；Li et al.，2011）。由于在减数分裂过程中染色体的分离及重组是以重组片段为基本单位而不是基因，因此用在这些功能基因附近的籼粳标记的基因型表示该基因所在染色体重组片段（即功能基因位点所在区域）的籼粳血缘，检测该基因所在区域籼粳血缘与 Dj 值（即整株籼粳血缘）的相关性，判断这些功能基因在群体分化中的分离和重组是否与籼粳亚种的分化有关，再通过结合文中考查的产量相关性状，用来分析籼粳血缘与经济性状间的关系。结果发现在两个不同生态条件及后

代处理方法下，群体的 Dj 都与这些功能基因处的血缘呈显著的正相关，且混合法群体的相关性高于单粒传法，同时辽宁地区的相关性也高于广东地区，并且在 GS5、qGL7、GS3/GW3 上相关性最高。该结果表明粒型及粒重相关基因与籼粳血缘之间存在密切的关系。同时，该结果也在一方面验证上述程氏指数、Dj 与经济性状之间的关系，尤其是在千粒重上表现的一致性；而在另一方面暗示着籼粳血缘与经济性状间存在一定的共分离现象。

表 7-11　功能基因区域血缘与粳型判别值（Dj）的关系

生态环境	后代处理方法	Gn1a	GS5	qSW5/GW5	qGL7	qGL7-2	GS3/GW3.1
辽宁	混合法	0.330**	0.463**	0.201*	0.414**	0.199*	0.398**
	单粒传法	0.226**	0.328**	0.180*	0.410**	0.294**	0.299**
广东	混合法	0.297**	0.251**	0.383**	0.396**	0.321**	0.396**
	单粒传法	0.182*	0.359**	0.191*	0.281**	0.324**	0.124

第五节　不同生态条件及后代处理方法群体籼粳位点基因型分析

利用籼粳标记的基因型绘制籼粳血缘片段图，从图 7-6 和图 7-7 可以发现，籼粳血缘在单粒传法和混合法群体中分布为随机的。其中在混合法群体中发现辽宁地区有少量纯合粳型个体，而在广东地区有少量纯合籼型个体；中间血缘个体由于基因组大量杂合，在分布上并无规律。

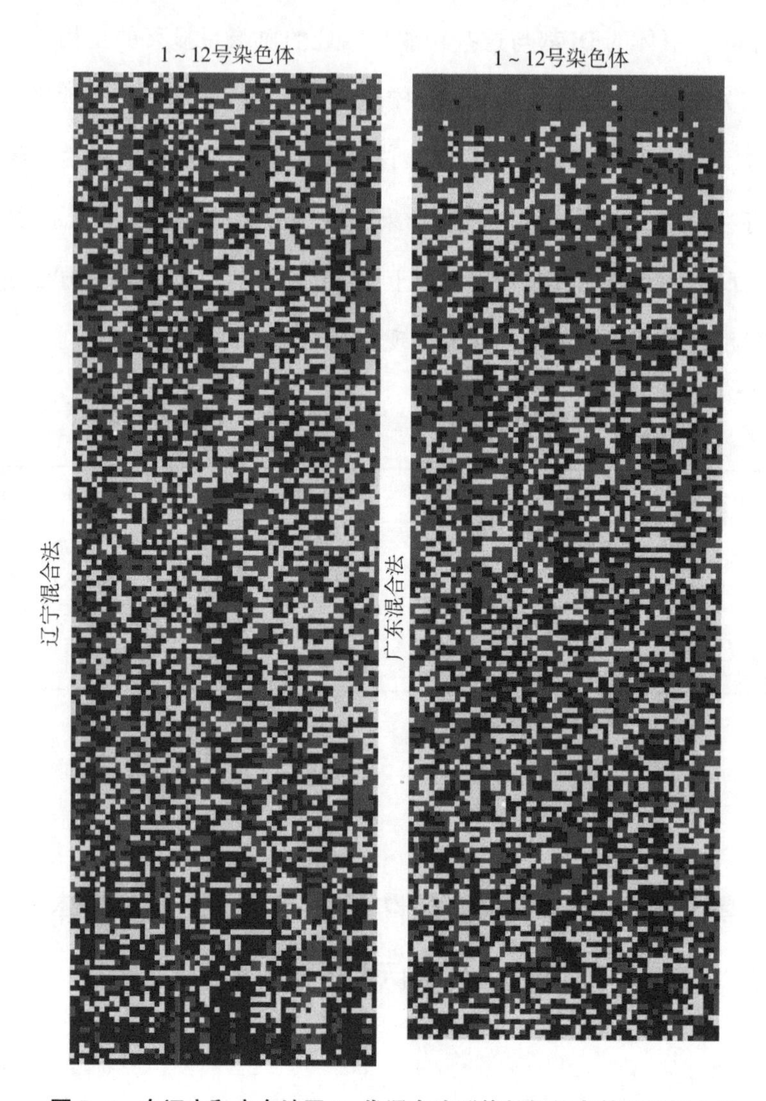

图 7-6　在辽宁和广东地区 F_3 代混合法群体籼粳位点基因型模式图

红色方块为籼型位点；蓝色方块为粳型位点；黄色方块为籼粳杂合位点，下同。

另外，在混合法中发现辽宁地区粳型的个体，都在 5 号及 10 号染色体上有籼型的血缘；而广东地区籼型的个体，在 11 号染色体上出现一些粳型血缘。在

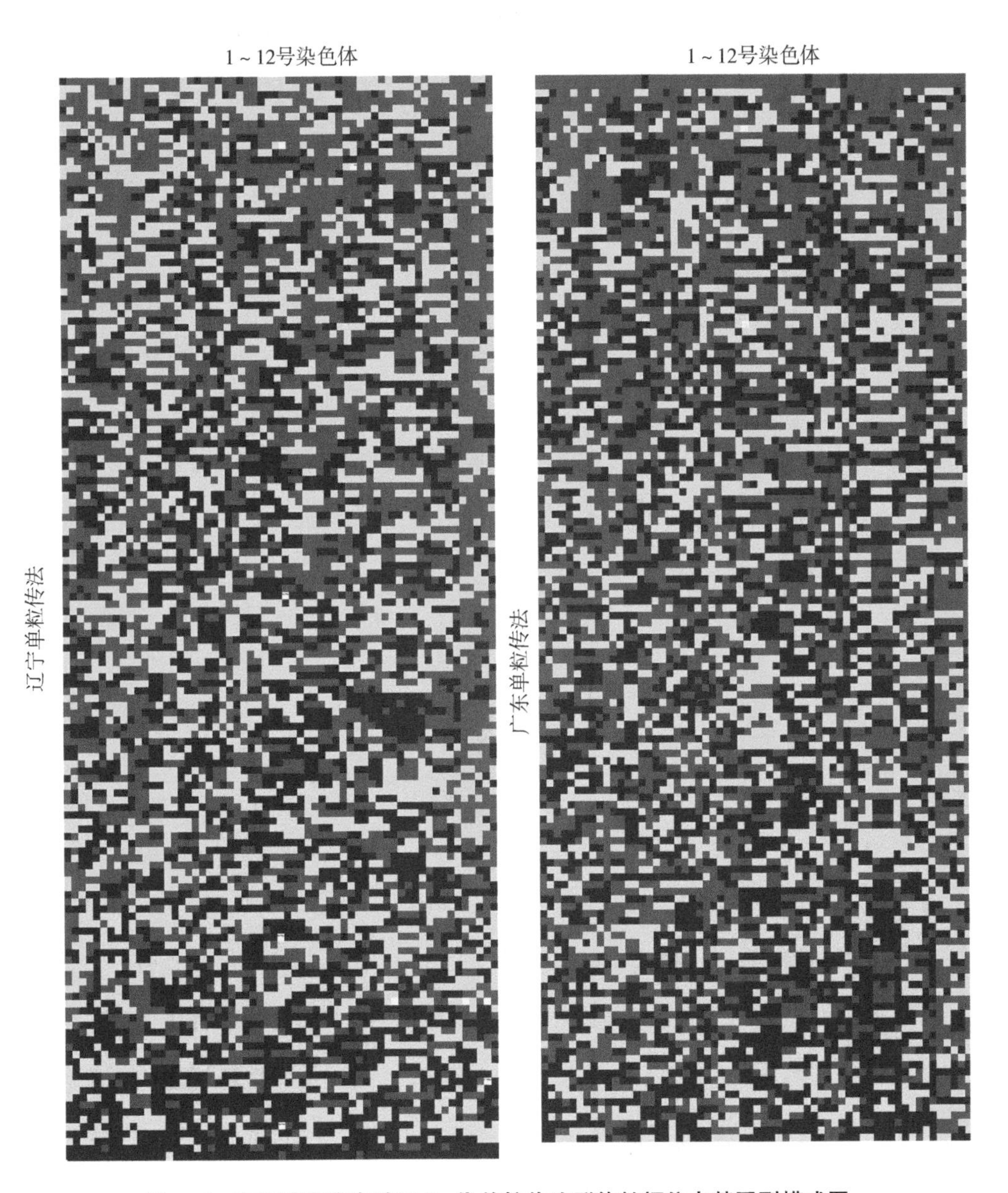

图 7-7　在辽宁和广东地区 F_3 代单粒传法群体籼粳位点基因型模式图

单粒传法中，虽分布较随机，但辽宁地区粳型的个体上也在 10 号染色体有少量籼型血缘；而广东地区在 4 号、8 号和 9 号染色体上有少量粳型血缘。同时，我们还发现，在辽宁地区混合法群体中，第 3 号、8 号和 12 号染色体上籼型血缘分布较多，而在 7 号和 9 号染色体上发现杂合率较高；而在辽宁地区单粒传法群体中，发现 8 号和 12 号染色体的籼型血缘较多，而在 2 号染色体的杂合率较高；在广东地区混合法和单粒传群体中，发现 12 号染色体也同样是籼型血缘率较高，而籼及偏籼型个体区域，1 号和 2 号染色体的籼型血缘较密集的分布。

第六节　讨论与结论

一、水稻籼粳交后代低世代群体亚种分化

本研究对不同世代及选择方向下群体的亚种属性变化的分析，目的是为了阐明生态环境及遗传重组在亚种分化中的作用。在本研究中发现，由于单粒传法能够保持世代间的基因型频率，因此我们在比较 F_2 和 F_3 代单粒传法群体时，发现两者亚种属性在分布上并没有显著差异。并且，由于 F_1 代群体种于海南，并没有受到自然选择压力，致使 F_2 代群体只在营养生长阶段承受环境压力，而在授精形成合子时并没受到环境的选择压力，因此两地 F_2 代群体亚种属性在分布上也极为相似。然而，F_2 和 F_3 代混合法群体间在分布上出现了明显的偏分现象，该结果表明低世代群体的亚种分化应该是由自然选择引起的。同时我们通过用分子标记对群体的遗传组成进行分析，并在血缘上进一步证明了该结论，另外，在

籼粳基因型模式图上我们也发现，辽宁地区粳型血缘先纯合下来，而广东地区籼型血缘先稳定，这是在自然选择压力下群体表现出的生态适应性。

另外，在亚种属性的分析过程中，我们发现除1~2穗节长和籽粒长宽比外其他亚种属性的变化，都与亚种总的变化趋势不对应，说明亚种性状之间在一定程度上发生了分离。而且我们还发现壳色与籽粒长宽比在不同籼粳血缘上的变化与亚种总的变化趋势一致，说明两性状与Dj之间有紧密的关系。同时这些性状与Dj间相关性，发现其中的籽粒长宽比不仅与形态分类和分子标记分类一致，而且还有两者有极显著的相关性，该结果说明籽粒长宽比与亚种分化的关系密不可分。同时我们还发现由于辽宁地区在灌浆和成熟期温度较低，时常会有霜降，有较强的选择压力，使其偏分离现象在群体分化中更显著。该结果反映出低世代的作物在显著的自然选择效应下会对选择压力反应的更迅速（Zeder et al.，2006），且与光周期和产量性状在群体分化中的分离重组有关（Xu et al.，2007）。

根据上述分析结果说明，遗传重组在群体的亚种分化中的作用微弱，而环境效应才是引起籼粳交后代低世代群体亚种分化的直接原因。而且，环境的选择压力越大，则群体的分化进程会越快。同时，研究还发现1~2穗节长在形态学水平与亚种分类关系密切，可作为形态学分类的有效指标，而壳色在分子水平上与亚种遗传分化关系密切，可作为籼粳遗传分化的形态学辅助指标，而籽粒长宽比在形态学及分子水平上都与亚种分化有紧密的关系，可作为籼粳交后代亚种分化中的一个有效指标，来定向性的指示其分化过程中亚种的变化。另外，由于籽粒长宽比在辽宁和广东地区间有显著的差异，说明该性状在环境响应上反应迅速，推测其可能还受表观遗传影响。

二、水稻籼粳交后代低世代群体经济性状变化

在本部分研究中，我们揭示了不同世代及生态环境下经济性状的变化和其与亚种分化的关系。籼粳两亚种间的经济性状特征被证明是有显著差异的（彭俊华和李有春，1990；何光华等，1993）。在图 7-6 中，我们发现 F_2 和 F_3 代间经济性状无较大差异，只是由于辽宁地区的环境效应强于广东，而使辽宁地区群体的选择压力更大，表现为辽宁地区的经济性状总体好于广东地区。因为与亚种属性不同，经济性状是被大量的基因控制，这些基因的分离或重组都会在群体分化中直接或间接的影响经济性状表现。因此，环境效应通过对这些基因的选择，便会在群体分化中对经济性状表现有显著的影响，并且强烈的环境效应更会加快性状的稳定，使性状表现更佳。在 F_3 代中，有效穗数、千粒重、结实率以及单株产量便与 F_2 代不相同，这说明 F_3 代群体确实受到了环境的选择，使拥有较高繁殖系数的个体在群体分化过程中被保留下来。

在分析经济性状与程氏指数和 Dj 的关系时，发现经济性状与 Dj 的相关性和与程氏指数的相关性并不完全一致，这与以前的研究结果相同（毛艇等，2009）。而该现象说明程氏指数 6 项性状可能与经济性状间有一定的关系，使两者之间的重组不完全随机。其中我们发现千粒重便与程氏指数有显著的正相关，其性状表现为粳型>偏粳型>偏籼型>籼型，此结果与以前的研究一致（Xu et al.，2008；顾铭洪，2010）。然而，结实率与单株产量的相关性与之前研究不同，我们发现广东 F_2 和 F_3 代群体的结实率按籼型>偏籼型>偏粳型>粳型依

次降低，而辽宁地区却总体表现为粳型>籼型。该现象可能是由于环境与群体的互作引起的（彭俊华，1991），是性状生态适应性的一种表现。在广东地区，由于其光温条件适合水稻生长，因此其对群体的选择压力较弱；而辽宁地区相反，其在水稻生长前期及后期温度较低，对群体有较强的选择压力，加速群体的分化和性状的稳定。正因如此，辽宁地区的结实率和单株产量都高于广东地区。

另外，通过分析功能基因所在区域籼粳血缘与 Dj 的关系，发现籼粳血缘与一些经济性状间可能存在紧密关系。其中，粒型及粒重基因区域的籼粳血缘便与 Dj 间呈显著的正相关，这恰巧印证了在文中籼粳交后代经济性状表现上粳型的千粒重高于籼型的现象，因为千粒重主要由粒重和粒型基因控制，并且粳型亲本秋光的千粒重本就高于籼型亲本七山占（Sun et al.，2012），同时这些基因还拥有高度的可遗传性和选择性（赵安常，芮重庆，1982）。Gn1a 为穗粒数基因（Motoyuki et al.，2005），同样与 Dj 呈显著正相关，并且在七山占中检测到该基因，这使七山占的穗粒数显著高于秋光（Sun et al.，2012）。在 F_2 代中，不同亚种类型间的每穗粒数差异并不明显，这是由于 F_1 代种于海南，使 F_2 代未受到环境选择，因此遗传重组占主导，并且基因组杂合和重组率过高，性状优势未能表现；然而在 F_3 代中，籼型的每穗粒数高于粳型，这与相关性分析结果一致。另外，我们还发现，无论是在经济性状表现上，还是相关系数上，辽宁地区都高于广东地区，这是由辽宁地区环境选择压力较大，使群体及性状稳定较快引起的，这也同样是导致经济性状分化及性状表现出生态适应性的重要原因。

三、结　论

本研究发现环境效应是引起籼粳交后代低世代群体中偏分离现象的主要原因，并且环境效应较强、选择压力较大的环境能加快经济性状的稳定和亚种的分化。另外，发现1~2穗节长由于在形态学水平与亚种分类关系密切，可作为形态学分类的有效指标，而壳色因为在分子水平上与亚种遗传分化关系密切，可作为籼粳遗传分化的形态学辅助指标，而籽粒长宽比在形态学及分子水平上都与亚种分化有紧密的关系，可作为籼粳交后代亚种分化中的一个有效指标，定向性的指示其分化过程中亚种的变化。同时，发现籽粒长宽比在环境响应上反应迅速，推测其可能还受表观遗传影响。

研究中还发现千粒重、结实率与单株产量与亚种属性及籼粳血缘有关，其中千粒重的相关性较显著，性状表现为粳型>偏粳型>偏籼型>籼型；而结实率与单株产量表现为一定的生态适应性。该结果补充对籼粳交后代低世代群体亚种分化研究较少的空白，并通过与经济性状分化的分析结合，揭示在低世代群上亚种分化与经济性状之间关系，为后期的籼粳分化研究提供研究基础。

第八章

粬粳交后代 F_6 群体的粬粳分化研究

第一节　材料与方法

一、田间试验

以典型籼稻材料七山占与典型粳稻秋光为亲本进行杂交，F_1 代种于海南，从 F_2 代开始分别种于辽宁省沈阳市沈阳农业大学（N 41°49′，E 123°34′）和广东省广州市广东省农业科学院（N 23°25′，E 113°25′），分别通过混合法、单粒传法以及系谱法得到 F_6 代群体。种植栽培管理完全按照当地生产标准：辽宁于 4 月 18 日播种，5 月 18 日按照 30 cm 行距，13. 3 cm 株距移栽；广东于 5 月 5 日播种，5 月 24 日按照 20 cm 行距，20 cm 株距移栽；每株系种 3 行，每行 10 株，共 30 株。

混合法群体为从 F_2 代开始全部收获并统一脱粒，种子混合均匀后，随机取种用于下一代种植，使用该方法得到的群体，遗传频率完全由繁殖系数决定，即产量越高的株系其所占遗传频率越高，代表自然选择对群体分化的作用；单粒传法群体为从 F_2 代开始进行按株留种，保证群体的遗传频率，使用该方法得到的群体，基本上保留了群体原本的遗传频率，代表遗传重组对群体分化的作用；系谱法群体从 F_2 代始对群体进行人工选择，对一些拥有较好农艺性状的株系留种，尤其是对拥有较好结实率的株系，使用该方法得到的群体，每个株系都拥有些许优异的农艺性状，代表人工选择对群体分化的作用。

所有后代处理方法的群体，都从 F_6 代开始按穗行种植，F_2 到 F_5 代都为混合种植，奇数世代都种于海南。

籼粳亚种属性的判别按照程侃声的形态指数法（程侃声，1993）。于抽穗期调查叶毛和壳色，成熟后将已调查的植株按株收种，并于风干后，进行室内考种。每株取长势中等的 5 穗，调查第 1~2 穗节长，籽粒长宽比，稃毛，酚反应，并将各项分别评分后，再计入总分。酚反应是将籽粒浸泡于 2% 的苯酚溶液中 72 h，取出干燥后观察结果。籽粒长宽比是每株随机取 10 粒发育完整的种子以游标卡尺分别测其长宽后取平均值。各性状具体打分标准如表 8-1 所示。

二、经济性状的考查

将种子风干后，对 F_2 和 F_3 代混合法群体的以下性状进行室内考查：有效穗数、每穗粒数、千粒重、一次枝梗数、二次枝梗数、一次枝梗粒数、二次枝梗粒数、单株产量、每株粒数、着粒密度、结实率。

表 8-1　程氏指数法鉴别性状的级别及评分

项目	等级及评分				
	0	1	2	3	4
稃毛	短、齐、硬、直、匀	硬、稍齐、稍长	中或较长、不太齐、略软、或仅有疣状突起	长、稍软、欠齐或不齐	长、乱、软
酚反应	黑	灰黑或褐黑	灰	边及棱微染	不染

（续表）

项目	等级及评分				
	0	1	2	3	4
1~2 穗节长	<2 cm	2. 1~2. 5 cm	2. 6~3 cm	3. 1~3. 5 cm	>3. 5 cm
抽穗时壳色	绿白	白绿	黄绿	浅绿	绿
叶毛	甚多	多	中	少	无
籽粒长宽比	>3. 5	3. 1~3. 5	2. 6~3. 0	2. 1~2. 5	<2

注：以六个主要性状为指标综合打分，按分值来判断其籼粳属性，总分≤8 为籼；9~13 为偏籼；14~18 为偏粳；>18 为粳。

三、分子标记法

1. DNA 提取

采用 CTAB 法（Murray 和 Thompson，1980）提取水稻叶片基因组 DNA，并对该方法进行一定的改良。

（1）将配制好的 CTAB 放入恒温水浴箱中 65℃水浴。

（2）在抽穗期分别于广东和辽宁地区田间取回新鲜的叶片，放于超低温冰箱保存。

（3）取少量新鲜叶片，去叶脉后，与钢珠一起放入 2 mL 离心管中。

（4）将离心管放入液氮中冷冻 10 min，随后其放入 Qiagen TissueLyser 中，以频率 20 次/s，破碎 35s。

（5）在叶片已充分破碎后，加入 700 μLCTAB 溶液到离心管中。

（6）于 65℃下水浴 60 min，期间多次摇动离心管。

（7）加入 350 μL Tris-平衡酚（Solarbio）后，迅速加入 350 μL 的氯仿：异戊醇（24：1），并震荡 30 s 后，冰浴 15 min。

（8）以 12 000 转/分，离心 10 min。

（9）将上清液转入另一 1.5 mL 离心管中。

（10）加入等体积的氯仿：异戊醇（24：1），再抽提一次。

（11）再次以 12 000 转/分，离心 10 min。

（12）取上清液加入另一支新的 1.5 mL 离心管中，再加入-20℃下预冷的等体积异丙醇，并在-20℃下放置 0.5 h。

（13）以 12 000 转/分，离心 10 min。

（14）倒去上清，70%乙醇洗涤 1~2 次。

（15）将洗涤后的 DNA 沉淀风干。

（16）加入适量 TE 溶液溶解沉淀，置于 4℃下备用。

2. 高浓度琼脂糖凝胶配制 <300 mL>

（1）称取 14 g 琼脂糖（Invitrogen）放于 500 mL SCHOTT-DURAN 瓶中。

（2）加入 325 mL 0.5×TBE，拧紧瓶盖。

（3）在微波炉上以高火加热 4 min。

（4）将瓶剧烈震荡后，小心拧松瓶盖放气，反复多次至正常气压。

（5）继续在微波炉中加热 1 min 15 s 后重复步骤（4）。

（6）继续加热 1 min 后，重复步骤（4）。

（7）加热 50 s 后，重复步骤（4）。

（8）加入 6 μL EB 或 Goldview，拧紧盖摇匀。

（9）重复步骤（4）。

（10）放入微波炉加热 40 s，重复步骤（4）。

（11）静置 30 s 后倒入制胶器，并迅速放置制胶梳子。

（12）注意进行步骤（4）时一定要剧烈且迅速，防止胶冷却起气泡以及照相时背景过亮。

3. 分子标记分析

本试验共使用 62 个 InDel 和 ILP 标记，引物序列参考已发表文献获得（Shen et al.，2004；Wang et al.，2005），该标记使用日本晴和 93-11 为基础开发，并经过一些典型籼粳稻进行验证，为具有籼粳特异性的中性标记，同时经过本研究中所使用的亲本验证，保证标记在亲本中有籼粳特异性差异。根据 IRGSP 的物理图谱用 MapChart 绘制成标记连锁图，引物由北京华大基因合成。

PCR 体系 15 μL：50ng DNA 模板、7.5 μL2x Taq MasterMix（北京康为世纪公司）和 10 mmol · L^{-1} 正反引物。PCR 反应使用 ABI GenePCR System 9700，PCR 产物用 3%~5%琼脂糖凝胶电泳检测，并用 Bio-Rad 凝胶成像仪读取结果。PCR 扩增条件如下。

（1）InDel 引物扩增条件：94℃预变性 5 min，94℃变性 30 s，55℃复性 30 s，72℃延伸 40 s，循环 40 次，72℃延伸 5 min，降至室温后，4℃保存。

（2）ILP 引物扩增条件：94℃预变性 5 min，94℃变性 30 s，59℃复性 30 s，72℃延伸 1 min，循环 25 次，94℃变性 30 s，56℃复性 30 s，72℃延伸 1 min，循环 15 次，72℃延伸 5 min，降至室温后，4℃保存。

4. 基因型的确定和基因频率的统计

InDel 和 ILP 标记为共显性标记，将检测结果分为籼基因型（AA），粳基因型（BB）和籼粳基因型（AB）。用粳型判别值 *Dj*（Frequency distribution of japonica kinship percentage）表示籼粳成分或血缘，*Dj*（%）= 粳型位点数/（籼型位点数 + 粳型位点数）×100。

5. 数据统计及分析

本试验中使用 Microsoft Office 和 SPSS Ver. 19 对实验数据进行正态分布、T 检验、K-S 检验、相关性分析等数据分析处理，并将处理结果作图或表应用于本书中。

第二节　不同生态条件下后代处理方法对籼粳分化的影响

通过分析不同生态条件、后代处理方法下群体籼粳血缘分布（图 8-1），并经过 K-S 检验（表 8-2），发现三种后代处理方法的群体都呈正态分布。在混合法和单粒传法中，两地区群体粳型判别值（Dj）集中在中间值（40%~60%），K-S检验双侧显著性 *P* 值分别为 0.4 和 0.931，其中在混合法中辽宁和广东群体的 Dj 平均值分别为 46%和 45%，在单粒传法中分别为 47%和 48%，两地群体在分布上无显著差异且无偏分离现象；而在系谱法中，两地区群体分布却呈显著性差异（*P*=0）并且 Dj 集中在（30%~55%），辽宁和广东群体的 Dj 平均值分别为 42%和 38%，群体总体上偏籼分布，且广东比辽宁更偏向籼型。

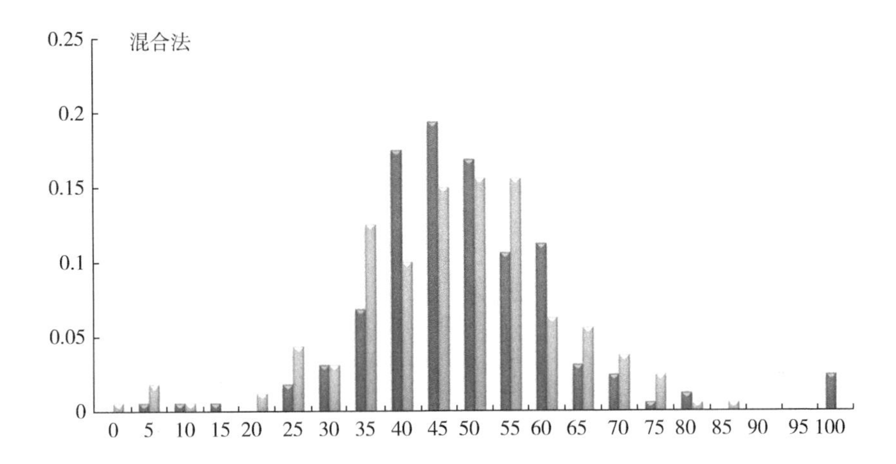

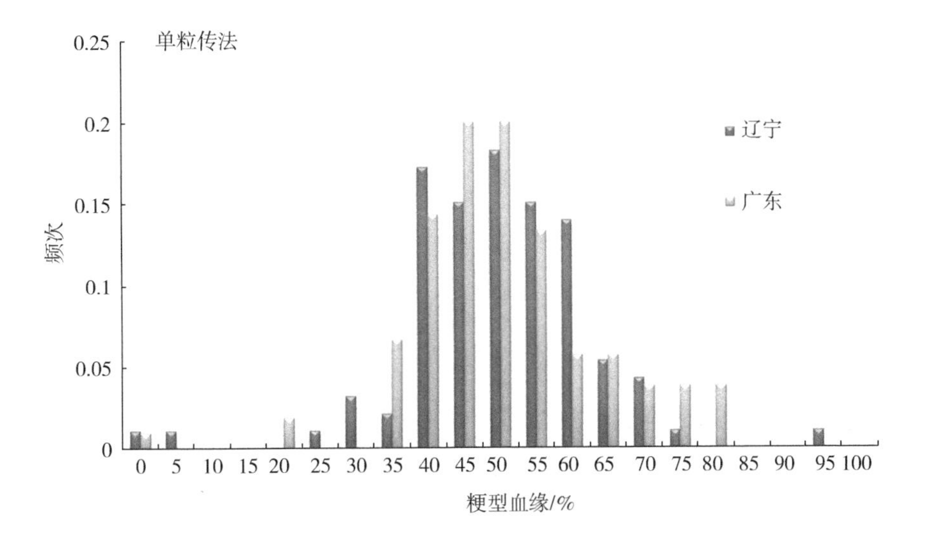

图 8-1　在不同后代处理方法下在辽宁和广东地区群体粳型血缘分布

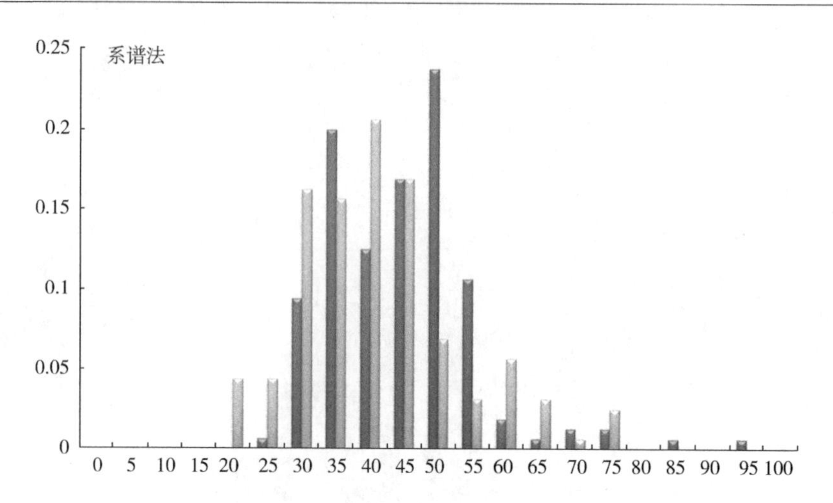

图 8-1　在不同后代处理方法下在辽宁和广东地区群体粳型血缘分布（续）

另外，在图 8-1 中还发现，籼粳极端个体分别少量出现在辽宁地区混合法和单粒传法群体中，而在广东地区的混合法和单粒传法的群体中只出现籼型极端个体；在系谱法中，只有辽宁地区出现粳型极端个体。同时，我们发现广东地区血缘分布比辽宁地区均匀，群体正态性较好；在单粒传法中，群体中间血缘个体（40%~60%）的频次显著升高，而偏籼及偏粳个体的频次骤然下降；在系谱法中，也出现与单粒传法相似的现象，并且辽宁地区的频率在中间血缘个体的频次上还出现高低不一的现象，连续性和正态性较差，偏籼及偏粳个体的频次极度减少，说明存在明显的选择作用。单粒传法和系谱法群体中所表现的这种分布现象体现了籼粳稻杂交育种存在综合亚种优势的潜力。

表 8-2　在不同后代处理方法下在辽宁和广东地区群体 Dj 参数

参数	单粒传法 SSD		混合法 BM		系谱法 PM	
	辽宁	广东	辽宁	广东	辽宁	广东
平均值（%）	47.5	47.9	46.1	44.6	42.4	38.5

（续表）

参数	单粒传法 SSD		混合法 BM		系谱法 PM	
	辽宁	广东	辽宁	广东	辽宁	广东
变异系数（%）	13.0	13.2	14.4	14.5	10.6	11.9
K-S 检验	0.542		0.894		2.236**	

注：* 和 ** 分别代表两群体在分布上呈显著和极显著差异。下同。

第三节　不同生态条件及后代处理方法群体粘粳位点基因型分析

利用粘粳标记的基因型绘制粘粳血缘片段图，我们发现在混合法和单粒传法中，粘粳基因型分布较为随机；并经统计，其中广东地区混合法群体的杂合基因型显著多于辽宁地区（图 8-2）；而在单粒传法中广东地区仅略高于辽宁地区（图 8-3）。然而在系谱法中，粘粳基因型出现选择性分布，在辽宁地区粘及偏粘型中，在 1 号、3 号、5 号、6 号、7 号和 12 号染色体上出现大量的粳型血缘；在广东地区粘及偏粘型中，在 1 号、2 号、5 号、6 号、7 号和 9 号染色体上出现大量粳型血缘，其中在 7 号染色体上两地区在粳型血缘上吻合程度较高；在广东地区群体中，7 号、8 号、9 号和 10 号染色体上粳型血缘分布多集中；在辽宁地区的粘粳中间型个体中，杂合基因型明显较多（图 8-4）。

另外还发现，辽宁混合法群体在 2 号和 3 号染色体的粳型血缘较为高；广东地区混合法在 5 号和 8 号染色体的粳型血缘较高，而 12 号染色体的粘型血缘较

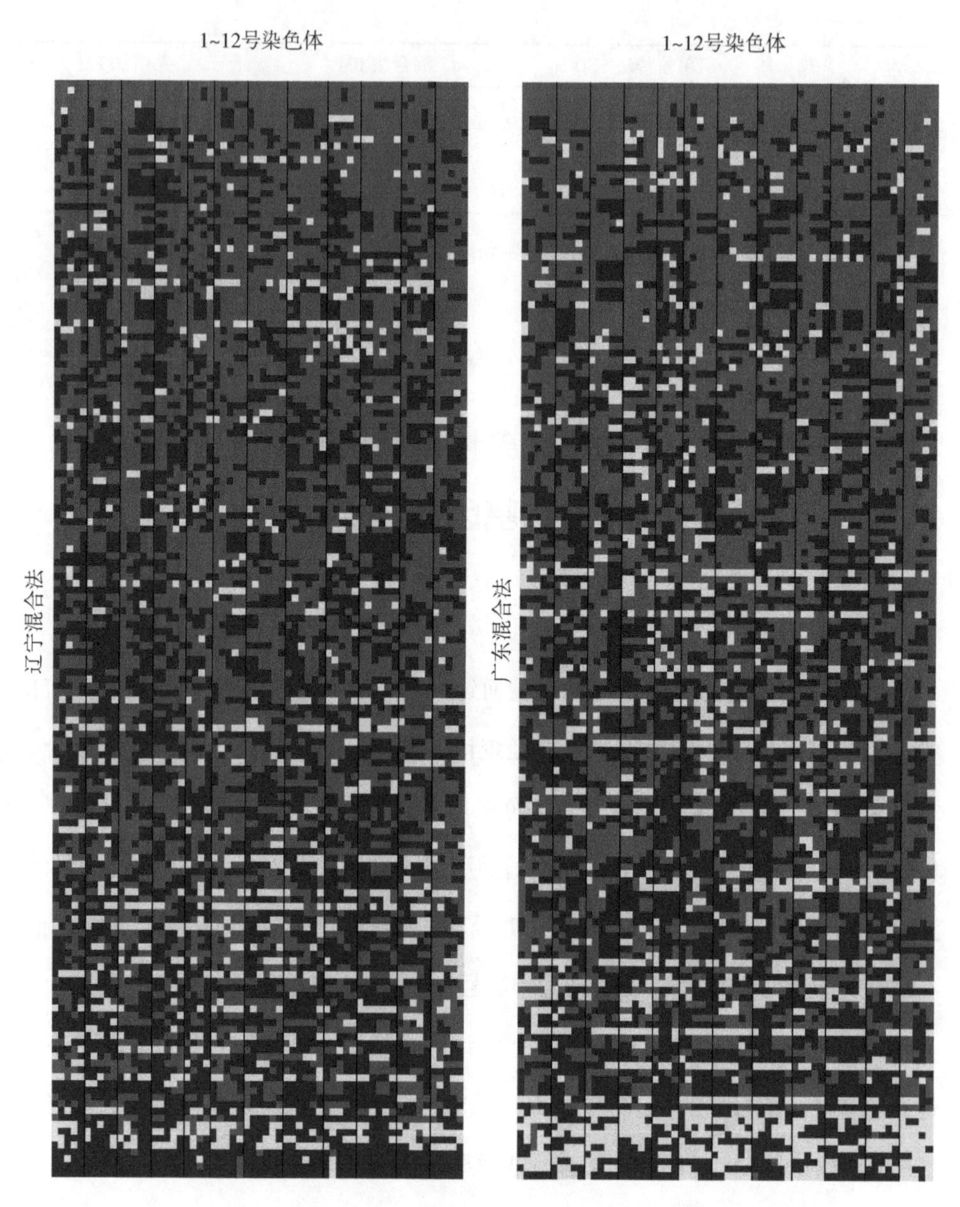

图 8-2　在辽宁和广东地区 F_6 代混合法群体籼粳位点基因型模式图

红色方块为籼型位点；蓝色方块为粳型位点；黄色方块为籼粳杂合位点。

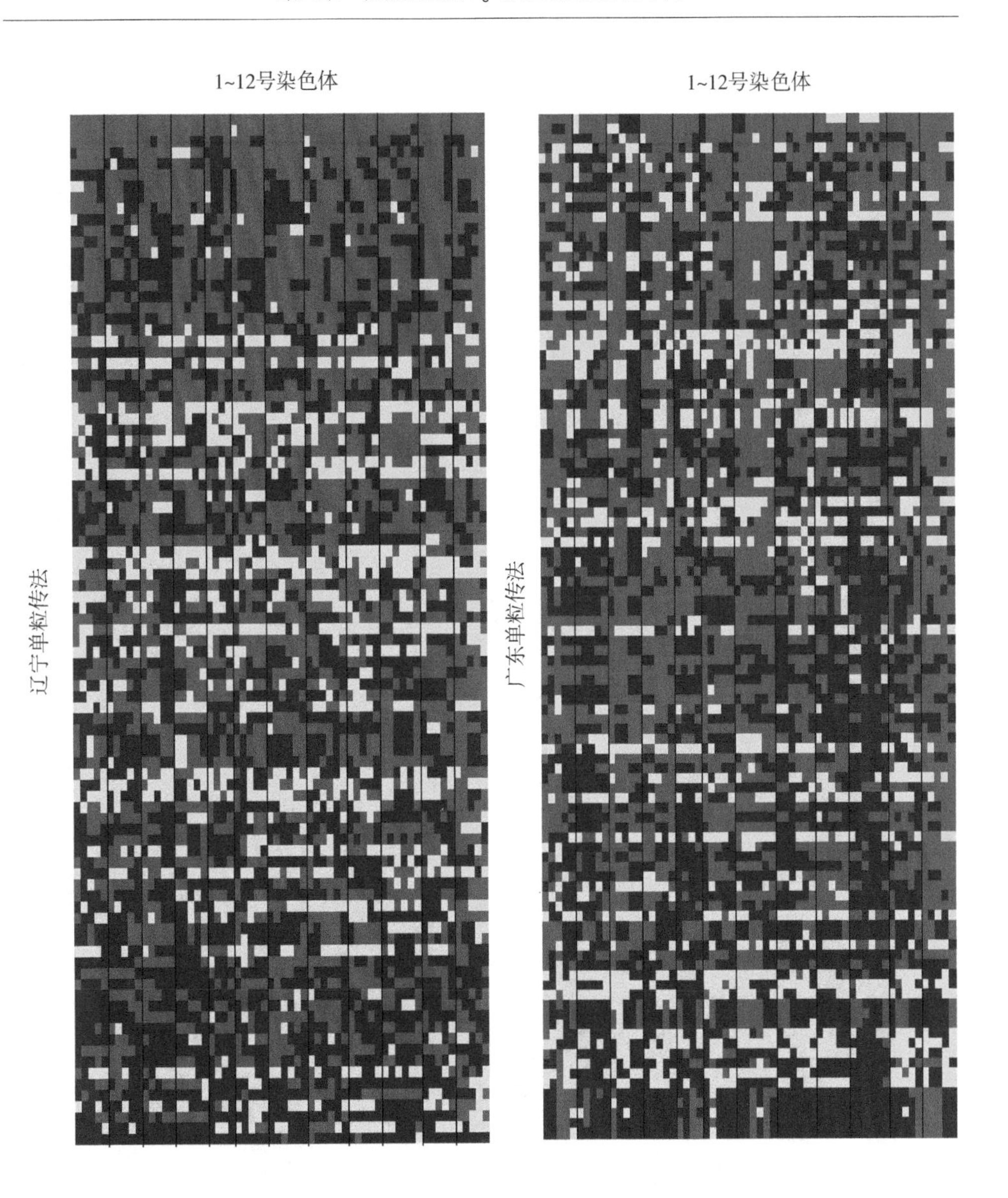

图 8–3　在辽宁和广东地区 F_6 代单粒传法群体籼粳位点基因型模式图

红色方块为籼型位点；蓝色方块为粳型位点；黄色方块为籼粳杂合位点。

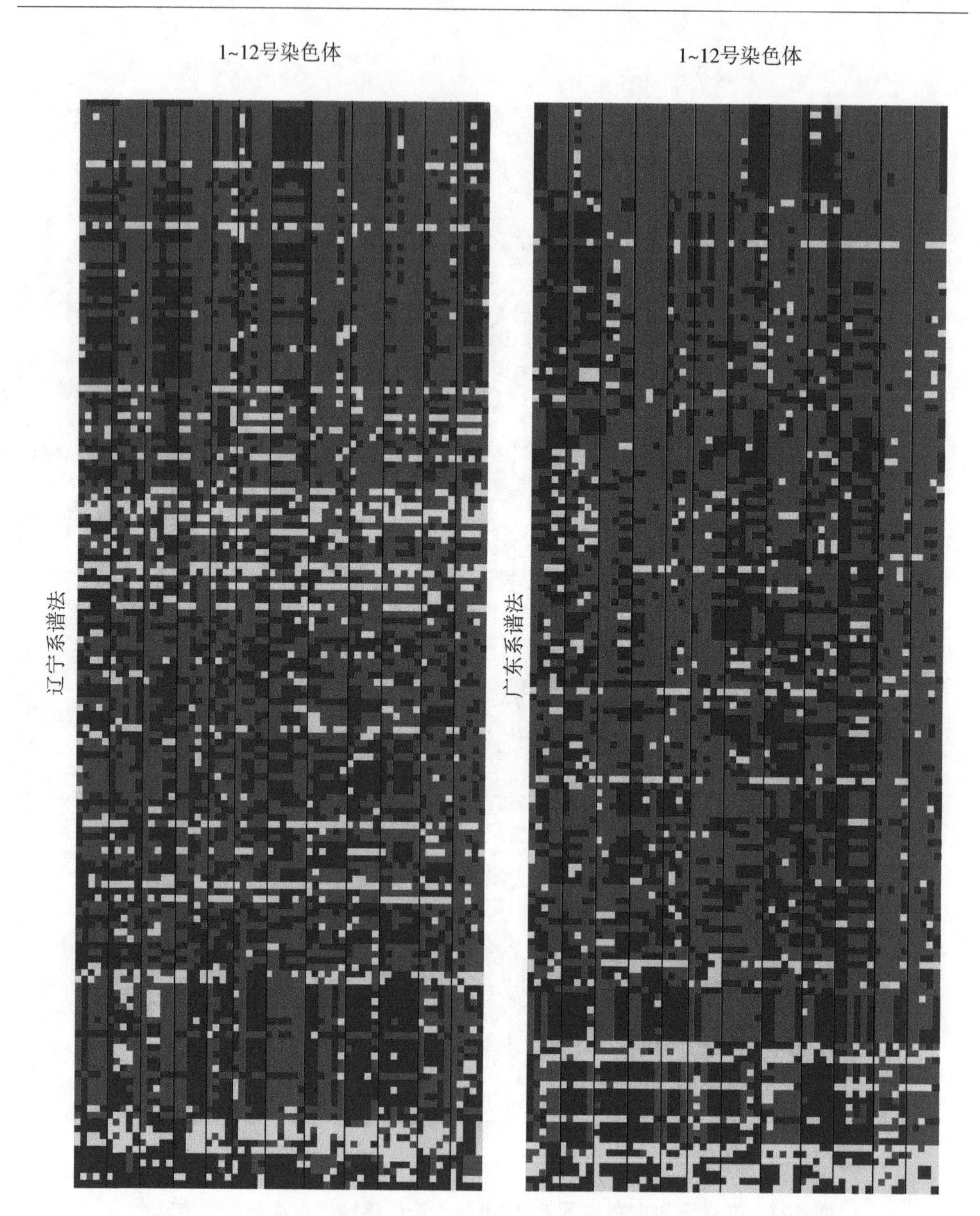

图 8-4　在辽宁和广东地区 F_6 代系谱法群体籼粳位点基因型模式图

红色方块为籼型位点；蓝色方块为粳型位点；黄色方块为籼粳杂合位点。

表 8-3　功能基因区域血缘与粳型判别值（Dj）的关系

群体	GN1a	GW2	GS3	HD6	RFL	SHA1	GS5	GW5	HD1	GHD7	HD2	HD7	DEP1	Ehd1	LB4D	SDT3	HTD3
辽宁混合法	0.114	0.242 **	0.039	0.174 **	0.280 **	0.324 **	0.335 **	0.151 *	0.186 **	0.303 **	0.244 **	0.362 **	0.137 *	0.360 **	0.236 **	0.193 **	0.230 **
广东混合法	0.306 **	0.326 **	0.293 **	0.251 **	0.213 **	0.266 **	0.146 *	0.395 **	0.228 **	0.258 **	0.199 **	0.307 **	0.261 **	0.319 **	0.357 **	0.342 **	0.151 *
辽宁单粒传法	0.15	0.191 *	0.181 *	0.195 *	0.228 **	0.204 *	0.271 **	0.046	0.260 **	0.177 *	0.280 **	0.335 **	0.225 **	0.308 **	0.228 **	0.384 **	0.13
广东单粒传法	0.058	0.185 *	0.251 **	0.021	0.334 **	0.290 **	0.148	0.200 *	0.105	0.147	0.415 **	0.407 **	0.159 *	0.376 **	0.357 **	0.106	0.235 **
辽宁系谱法	0.201 **	0.251 **	-0.165 **	-0.057	0.563 **	0.470 **	-0.018	0.312 **	-0.091	0.04	-0.403 **	0.295 **	0.537 **	0.457 **	0.031	0.277 **	-0.105
广东系谱法	0.086	0.484 **	0.260 **	0.419 **	0.557 **	0.442 **	0.103	0.388 **	0.393 **	0.135 *	-0.058	0.281 **	0.152 *	0.155 *	0.131 *	0.300 **	0.237 **

注：* 和 ** 分别表示显著和极显著相关（$P<0.05$，$P<0.01$）。

高。而且广东地区混合法在粳型区域杂合率较高，说明粳型血缘在广东地区稳定较慢。同时，我还在单粒传法群体中发现，在广东地区10号染色体粳型血缘较高，并且与在4号、7号和12号染色体上有较多的籼型血缘；而辽宁地区只在12号染色体上有较高的籼型血缘。另外还在广东地区粳型个体中发现，在1号、3号、5号、7号和12号染色体上有较多的籼型血缘。

籼粳分化与农艺性状的关系

通过检索水稻基因数据库（http：//www. RiceData. cn/gene/）并根据Gramene和IRGSP的水稻物理及遗传距离图谱，筛选一些在文中籼粳标记6-8 cM附近的重要的农艺性状基因，其中包括株型、穗型、粒型、粒重和抽穗期性状等（Lin et al.，1998；Yamamoto et al.，1998；Yamamoto et al.，2000；Doi et al.，2004；Motoyuki et al.，2005；Fan et al.，2006；隋炯明等，2006；Lin et al.，2007；Song et al.，2007；Rao et al.，2008；Weng et al.，2008；Xue et al.，2008；Huang et al.，2009；Li et al.，2011；Liang et al.，2011；Zhang et al.，2011a）。由于在减数分裂过程中染色体的分离及重组是以重组片段为基本单位而不是基因，因此用在这些功能基因附近的籼粳标记的基因型表示该基因所在染色体重组片段（即功能基因位点所在区域）的籼粳血缘，检测该基因所在区域籼粳血缘与Dj值（即整株籼粳血缘）的相关性，判断这些功能基因在群体分化中的分离和重组是否与籼粳亚种的分化有关，并以此来分析籼粳分化与农艺性状的关系。结果发现，在混合法和单粒传法中，表8-3中全部基因所在区域血缘都与总体血缘呈正相关，而且绝大多数都呈显著或极显著正相关，其中 GW2、RFL、SHA1、HD2、HD7、DEP1、Ehd1 和 LB4D 基因显著性最高，这之中包含 1 个粒型，1 个落粒性、3 个株型及 4 个抽穗期有关基因；在系谱法中，虽有一部分基因与混合法和单粒传法相关性一致，但却出现了许多不规律的相关性，包括在 GS3、HD6、GS5、HD1、HD2 和 HTD3 上出现的一些负相关性，尤其在辽宁地区中，与抽穗有关基因上呈现显著的负相关性（表 8-3）。

第四节　讨论与结论

一、不同生态条件下后代处理方法对籼粳交后代亚种分化的影响

水稻是重要粮食作物，其生长离不开生态环境的影响，它对环境的适应导致了籼粳的分化（Chang，1976；Morishima et al.，1992；Johns，Mao，2007；Tang，Shi，2007）。目前，籼粳交育种已经成为国内重要的育种方法之一，并且通过此方法育成的优良品种也越来越多（林世成，闵绍楷，1991）。根据以前的研究，籼粳稻杂交育成品种并没有达到充分综合亚种优点的预期效果，而是保持典型籼粳稻基本特性（Chen et al.，1995；徐正进等，1996）。作者等对籼粳交后代低世代群体研究发现，籼粳交后代混合法群体从 F_2 代后开始有偏分现象，而单粒传法无偏分现象（程玲等，2012；Wang et al.，2013）。

本研究发现，在 F_6 代群体中，混合法的籼粳分化并未与低世代群体一样偏

分离，而是两地区群体的分布无差异。在单粒传法中，低世代与 F_6 代群体一致，无偏分现象。结果说明，群体的籼粳分化并不是受遗传重组作用的影响，而是在自然选择压力下，农艺性状的重组引起繁殖系数的改变，导致在群体遗传学水平上遗传频率的改变，并在群体遗传分布上的表现。然而，我们通过对 F_3 代籼粳基因型模式图的分析，发现低世代群体的基因组具有高度的杂合性，导致群体存在不稳定性，同时性状的表现也不稳定并以杂种优势为主，但性状的表现并不差。可是因生态适应性的存在，使辽宁地区粳型遗传成分先稳定或纯合下来，而广东辽宁地区籼型遗传成分先稳定，使重组自交系群体在低世代时籼型及偏籼型或粳型及偏粳型个体在群体中的遗传频率发生了改变，引起了群体的偏分离现象，但该偏分现象因为在 F_3 代中基因组高度杂合，杂种优势明显，因此不完全是由自然选择对群体的淘汰作用引起的，而更多的是表现在因不同生态适应性引起的群体稳定速度上。但是伴随世代的增加、性状的稳定及纯合，前期的杂种优势消失，而一些原本存在的优异性状的优势表现出来。因此，自然选择对群体的作用表现在选择时间的持久性和对性状选择的整体性上。

根据本研究在混合法上的研究结果，笔者等认为在混合法构建群体时，偏分现象仅出现在低世代群体中，而群体稳定后，由于优势性状的纯合及其作用的显现使群体重新被选择，消除了偏分现象。其原因是上述所说的由于在低世代中两地群体基因组大部分呈高度杂合状态，并因生态适应性的存在，使在高度杂合的低世代群体中，稳定较快的一方占据了较高的遗传频率，引起偏分现象，然而由于群体的大部分个体的基因组以及一些重要的性状还可能处于杂合，使该偏分现象并不稳定。

结果发现广东地区混合法和单粒传法群体的籼粳杂合型高于辽宁地区，这是由于辽宁地区的选择压力大于广东，群体稳定速度更快（Zeder et al.，2006）。在系谱法中，低世代群体的基因组高度杂合，在性状上多数表现为杂种优势，而不是原本的优异性状优势，而且人工选择从 F_2 代就开始介入，导致在群体构建初期，因籼稻的农艺性状优势和杂种优势明显，使拥有较多籼型成分的个体被选择，致使两地区群体整体偏籼；而由于籼粳稻自身在性状上存在生态适应性（Chang，Oka，1976），并且在构建群体前期由于人工选择造成的两地群体不同程度粳型血缘丢失，打破了两群体原本的平衡，使两地区群体之间出现偏分化。另外，在单粒传法和系谱法中，还表现出中间血缘个体（Dj 在 40%~60%）的频次较高，而偏籼及偏粳个体（Dj 小于 40%或大于 60%）的频率显著减少的现象。该现象说明籼粳交育种在血缘上确实已经达到了综合亚种的目标。无论在自然选择还是人工选择压力下，群体血缘都向中间值集中。

二、不同生态条件下籼粳交后代亚种分化与重要农艺性状的关系

通过血缘片段及其与重要农艺性状的关系的分析，我们认为籼粳交育种并未充分达到在综合籼粳亚种优势上的预期效果，其原因与群体中重要农艺性状的变化和籼粳分化间存在显著的相关性有关。在籼粳基因型模式图中（图 8-2，图 8-3），虽在整体上混合法和单粒传法的基因型分布随机，但从表 8-2 的相关性上可以看出，全部性状呈正相关并且大多数有较高的显著性。此结果说明，虽然籼粳交育种综合籼粳亚种的目标在血缘的杂合上得到了体现，但一些重要农艺性却因与籼粳分化关系密切，导致其并未按照籼粳

交育种的预期目标将籼粳优异性状综合在一起，而是根据籼粳血缘的分化而变化。

而且在系谱法中，结果显示出血缘片段明显受到了选择（图 8-4），在一些株型、粒型及抽穗期有关的基因富集的染色体区域，籼粳血缘出现规律性集中，例如，两地区籼及偏籼个体在 7 号染色体部分区域都出现粳型血缘的富集，而该区域正是存在几个与抽穗期相关 QLT（Yamamoto et al.，1998；Xue et al.，2008）。同时，从表 8-2 还发现，系谱法的相关性与混合法和单粒传法比较发生改变，一部分性状的正相关被打破，出现负相关及无相关性，尤其在辽宁地区的一些抽穗期有关基因上，该变化可能使辽宁地区籼型的抽穗期提前，而粳型的抽穗期延迟，说明人工选择的介入改变了籼粳分化与农艺性状间的关系，人为的实现综合亚种的优势的目的。但是依然一些性状保持显著正相关，可能是因为该性状与籼粳血缘关系过于紧密，或者是该性状存在较强的生态适应性及生态优势。

三、结　论

因为遗传重组作用并不影响籼粳分化，而自然选择会因为生态适应性引起的籼粳血缘稳定速度不同，在低世代中使群体暂时性的偏分，但在群体稳定和性状纯合后，偏分现象消除，因此，自然选择和遗传重组作用并不是导致籼粳交后代偏分离的直接原因，而人工选择与在自然选择下性状产生的生态适应性才是影响籼粳交后代籼粳分化的关键。同时，由于重要农艺性状基因所在区域籼粳血缘与总体籼粳血缘之间的显著正相关，笔者等推测，籼粳分化与重要农艺性状间的紧密关系可能是影响籼粳交育种未能在综合亚种优势上达到的预期效果的主要原因。

第五节　不同生态条件下籼粳交后代亚种分化研究及环境响应综合讨论与结论

一、水稻籼粳交后代亚种分化规律

在本书中，笔者对典型籼粳稻杂交后代群体在不同世代、不同后代处理方法上进行了亚种分化研究，结果发现研究结果与预期不完全相同。在 F_2 代中，群体的亚种属性并没有出现明显的偏分，造成该现象的原因有以下几方面：首先，F_1 代种于海南，因此在形成 F_2 代种子过程中，由于海南环境条件有利于水稻的生长，所以种子基本未受到自然选择的压力，使 F_2 代在广东和辽宁两地区分别种植前拥有相同的遗传基础；其次，F_2 代群体为基因组第一次分离，并且遗传基础相同，因此其遗传重组完全是随机的；最后，F_2 代群体是第一次分两地种植，群体只在营养生长期处于自然选择压力下，而田间叶片取样是在抽穗期，这意味着除非个体在营养生长期因环境不适死亡，否则遗传频率不会改变。然而辽宁与广东在营养生长期最大的差别就是温度，并且主要是前期（4—5 月）的温度，而北方育苗使用大棚，温度控制较高，并不会引起遗传频率丢失，因此唯一的选择压力便是移栽后，这很大程度上减弱了 F_2 代群体被选择的机会。最终结果造成 F_2 没有产生明显偏分离的原因。然而，本书中 F_2 的数据在亚种属性分布上是有微小差异的，并且广东群体比辽宁略微偏粳（平均值差异小于 0.9）。该现象可能是由于人为误差引起的，因为程氏指数是一种经验性测定方法，广东的 F_2 代群体是笔者第一批调查的，也是笔者第一次大批量调查程氏指数，因此结果可能在前期会有误差。

在 F_3 代中，通过与 F_2 代群体的比较和自身两种后代处理方法的比较，首先印证了遗传重组对群体亚种分化的作用微弱。因为无论是 F_2 与 F_3 代单粒传法的比较，还是 F_3 代辽宁和广东两地区单粒传法的比较，都发现群体间无明显偏分现象。然而，通过比较研究 F_3 代混合法与 F_2 代群体、F_3 代混合法与单粒传法群体以及 F_3 代辽宁和广东两地区混合法群体，结果发现都有显著的差异和明显的偏分离现象。该结果意味着自然选择对群体亚种的分化有显著作用，而作用的机制通过分析 F_3 代籼粳基因型模式图与 F_6 代研究结果，我们认为在自然选择压力下，由于生态适应性的存在，辽宁地区的群体粳型遗传成分优先稳定或纯合，而广东地区的群体籼型遗传成分率先稳定或纯合，这就会使含有较高籼型或粳型遗传成分的个体在群体中的频率提高，改变了群体不同籼粳类型的遗传频率，因此在群体亚种分化上呈现偏分离现象。该现象因为在低世代中基因组高度杂合，杂种优势明显，因此并不是主要由自然选择对个体的淘汰引起，而生态适应性引起的群体稳定速度的改变才是主要原因。

在 F_6 代的研究中，发现两地区单粒传法群体间依然没有偏分现象，印证了低世代群体的研究结果。然而，混合法群体不同于低世代群体的研究结果，F_6 代两地区的混合法群体之间未发现有偏分现象，在分布上也未呈现显著的差异（P=0.4），但单粒传法差异概率为0.931，说明混合法虽与单粒传法相同，群体在分布上都未有显著差异，但混合法与单粒传法相比还是略有些差别，两地区混合法在分布上还是有微小差异的。关于该问题，本文也对其进行系统分析，认为这可能是自然选择影响籼粳交后代亚种分化的机制研究的关键。笔者认为，在籼粳交后代低世代群体中，虽有偏分离现象，但由于群体杂合度高，性状不稳定，并没有最终影响群体的亚种分化。因为之前提到，F_3 代群体籼粳基因型高度杂合，在由于生态适应性，辽宁地区粳型成分先稳定，而广东地区相反，致使群体籼粳遗传频率的改变。然而，群体的大部分遗传组成还处于杂合状态，因此 F_3 代群体的偏分离只是暂时的，虽着群体的稳定和性状的纯合，群体的遗传组成又恢复平衡，并被环境重新选择。因此混合法群体并没出现偏分现象，但是自然选择的压力是客观存在的，所以两地区群体间有些许差异，但并不显著，说明群体分化过程中确实存在淘汰作用，但由于在低世代群体中杂种优势明显，致使淘汰作用并不显著。在系谱法群体中，两地群体整体偏籼分布，是由于籼稻本身存在优秀的农艺性状以及较高的杂种优势，使籼型成分在构建群体前期被优先选择，致使部分粳型成分丢失，到群体构建后期，由于生态适应性不同，使不同地区在前期受到选择的程度不同，造成遗传差异随着环境的选择越来越大。

综上所述，籼粳交后代的偏分现象不是由遗传重组作用引起，而是自然选择和人工选择，其中人工选择的作用最显著，并在构建前期就影响了亚种的分化，自然选择更是将该分化的程度加大。同时笔者认为，自然选择对群体分化的作用机制有两个特点，在构建群体前期主要是加快有拥有生态适应性的性状和遗传成分的稳定和纯合，而到后期性状稳定和纯合后，才是完全意义上的选择和优胜劣汰，并且环境的效应越强、选择压力越大这两项特点的作用越强。

二、形态学分类和分子标记法分类的比较

在本书对 F_3 代群体的研究中，同时使用了形态学程氏指数分类法和分子标记分类法，研究结果发现两者所得的分类结果基本一致，并且 Dj 与稃毛、1~2 穗节长、籽粒长宽比以及程氏指数上呈极显著的正相关，在相关性上印证了之前的分类结果。由于形态学分类受性状的控制，而这些性状多为数量性状受多基因控制，且受表观遗传影响，尤其是在酚反应的结果上，与程氏指数差异较大，不易于做定量分类（程新奇等，2006），因此形态学分类的准确性并没有分子标记法高。但程氏指数法的优点在于，虽 6 项性状受多基因控制以及环境的影响，并且互相分离，单独分类结果各不相同并且没有明显规律，但 6 项指标的综合值却非常准确，可以算是在水稻形态分类上经验的结晶。因此，笔者认为，通过 F_3 代 4 个群体的互相印证，认为程氏指数与分子标记对籼粳交后代群体的分类结果在总体上是一致的（卓伟，2008），两者都可以用于研究群体的亚种分化。

三、籼粳交后代亚种分化与经济性状的关系

本书在高、低世代中都对亚种分化与经济性状的关系进行了研究。在 F_3 中，

通过用程氏指数法及分子标记法对群体进行分类的同时，分析经济性状的表现，发现千粒重的变化与籼粳类型有关，因此通过水稻基因组数据库筛选了一些距离文中使用的分子标记较近，且与千粒重有关的粒型及粒重基因，分析该基因所在区域的血缘是否随整株籼粳血缘的变化而变化。结果验证了之前千粒重粳型>偏粳型>偏籼型>籼型的性状表现，且由于该性状无论是在两个不同世代上性状表现上，还是在相关性分析结果上都呈现与籼粳化分化有显著相关性，因此认为与粒型及粒重有关基因与籼粳分化之间有较为紧密的关系。

而在 F_6 代群体的研究中，我们在 F_3 代群体的研究基础上，又筛选了一些农艺性状基因，其中包括株型、穗型、粒型、粒重以及抽穗期等性状，并通过研究发现这些基因所在区域的籼粳血缘无论在两种生态环境间，还是在不同后代处理方法上，都与整株籼粳血缘呈显著正相关。该结果表明，在籼粳交后代群体分化的过程中，这些农艺性状基因所在的染色体重组片段伴随籼粳亚种的分化而随之变化。在这些基因位点上，如果个体为籼型或偏籼型，那么这些基因位点所在片段往往也来自籼型亲本，如若个体为粳型或偏粳型，结果则正好与这相反。该结果揭示了籼粳分化与经济性状间确实存在紧密的关系，在本研究中，虽所使用的分子标记密度不高，但由于有多个群体的验证，因此可以认定该关系是存在的，趋势是正确的。

该关系的发现对当前的籼粳交育种有极为重要的意义，如若在以后对该方面做进一步研究时，可以增加籼粳特异性标记数量，并加入中性随机标记，来增加分子标记密度，提高与经济性状相关基因相关性分析的可靠性，并且增添重要农艺性状基因的功能性标记，更配合经济性状的表现的调查，便可以明确与籼粳分化有关的性状及基因的种类及数量，揭示这些基因对性状表现的影响机制，阐明籼粳交后代群体亚种分化与经济性状变化的关系，进一步丰富以及明确本研究结果。

四、籼粳亚种分化研究在水稻育种中的作用及前景

本研究中，在不同生态条件及后代处理方法下构建的籼粳稻杂交群体中，Dj都呈正态分布，并且大部分株系的血缘都介于两亲本之间，并且在F_6混合法和系谱法中还存在，Dj中间血缘区域显著升高而两侧区域显著下降的现象，这些现象都说明了籼粳稻杂交育种存在育成聚合亚种有利基因、适应不同生态条件的优良品种的潜力，然而要充分达到综合籼粳亚种优势的目标，需要认识和利用籼粳分化与农艺性状的关系（徐正进等，2003b）。在构建籼粳交重组自交系中通过人工选择适时适量的介入可以打破亚种优势性状伴随籼粳分化而变化，但是过早及过量的介入会使群体后期偏分，使一些籼型或粳型性状的丢失，而过晚的介入会导致性状过于纯合、群体过于稳定，使后期群体分化空间较小，失去预期育种目标。因此，在以综合亚种优势性状为目标的籼粳交育种中，为了打破籼粳分化与经济性状间的紧密关系，需要在前期扩大育种群体量，并在人工选择时降低选择标准，在群体较稳定，并按照株系进行株植时，提高人工选择标准，并留意未稳定的株系，以便后期将其分离出来的株系扩展。

笔者认为，本研究结果可以为籼粳交分子标记辅助选择育种提供理论指导及研究方向。若将其应用于籼粳交育种中，首先要建立育种常用骨干亲本的功能基

因库及性状库，在构建重组自交系前，确定这些骨干亲本中所含功能基因及相对应性状，在构建群体的过程中，研究这些亲本所含有的性状及基因，其中哪些与籼粳分化有紧密关系，并以此建立籼粳分化与农艺性状之间连锁关系网，并将其作为基础，指导以育种为目的籼粳交群体构建中人工选择的方向，这便将籼粳交亚种分化的理论研究与育种实践相结合，实现综合水稻籼、粳亚种优势性状的育种目标，完善籼粳稻杂交分子标记辅助育种体系的构建。

参考文献

陈冬梅，林文雄，梁康迳，2000. 稻米品质形成的生理生态研究现状与展望［J］. 福建农业科技（增刊）：81-82.

陈建国，朱 军，潘启明，1997. 籼粳杂交稻米品质性状与农艺性状之间的遗传协方差分析［J］. 湖北大学学报（自然科学版），19（3）：278-282.

陈温福，徐正进，张龙步，等，2002. 水稻超高产育种研究进展与前景［J］. 中国工程科学，4，31-35.

陈温福，徐正进，张龙步，1989. 水稻理想株型的研究［J］. 沈阳农学院学报，20（4）：417-420.

陈温福，徐正进，张龙步，1995. 水稻超高产育种生理基础［M］. 沈阳：辽宁科学技术出版社. 146.

陈温福，徐正进，张龙步，2003. 水稻超高产育种生理基础［M］. 沈阳：辽宁科学技术出版社. 146-155.

陈温福，徐正进，张文忠，等，2001. 水稻新株型创造与超高产育种［J］. 作物学报，27（5）：665-672.

程方民，钟连进，孙宗修，2003. 灌浆结实期温度对早籼水稻籽粒淀粉合成代谢的影响［J］. 中国农业科学，36（5）：492-501.

程方民，钟连进，2001. 不同气候生态条件下稻米品质性状的变异及主要影响因子分析［J］. 中国水稻科学，15（3）：187-191.

程侃声，1993. 亚洲栽培稻籼粳亚种的鉴别［M］. 昆明：云南科技出版社. 1-23.

程玲，王鹤潼，荣俊珍，等，2012. 生态条件对籼粳稻杂交 F_2 代亚种特性分化与经济性状的影响［J］. 种子，31（3）：1-6.

程融，孙明，李成荃，1995. 杂交粳稻品质性状的遗传研究 IV 杂交粳稻品质与产量性状间的典范相关分析［J］. 杂交水稻，3）：28-30.

崔克辉，彭少兵，邢永忠，等，2002. 水稻产量库相关穗部性状的遗传分析［J］. 遗传学报，29（2）：144-152.

丁颖稻作论文选集编辑组，1983. 丁颖稻作论文选集［M］. 北京：中国农业出版社. 25-39.

董桂春，李进前，董燕萍，等，2009. 产量构成因素及穗部性状对籼稻品种库容的影响［J］. 中国水稻科学，23（5）：523-528.

段俊，梁承邺，黄毓文，等，1999. 亚种间杂交水稻亚优 2 号穗部性状特点的观察［J］. 作物学报，25（5）：647-649.

范桂枝，蔡庆生，王春明，等，2008. 高 CO_2 浓度下水稻穗部性状的

QTL 分析 [J]. 中国农业科学，41 (8)：2 227-2 234.

冯永祥，徐正进，姚占军，2002. 行向对不同穗型水稻群体微气象特性影响的研究-行向对群体内太阳直接辐射影响的理论分析 [J]. 中国农业气象. 23 (3)：18-21.

龚金龙，胡雅杰，龙厚元，等，2012. 大穗型杂交粳稻产量构成因素协同特征及穗部性状 [J]. 中国农业科学，45 (11)：2 147-2 158.

顾铭洪，2010. 水稻高产育种中一些问题的讨论 [J]. 作物学报，36 (9)：1 431-1 439.

韩龙植，张三元，乔永利，等，2006. 不同生长环境下水稻结实率数量性状位点的检测 [J]. 作物学报，32 (7)：1 024-1 030.

郝宪彬，马秀芳，胡培松，等，2009. 北方杂交粳稻株型与稻米品质性状的关系 [J]. 中国水稻科学，23 (4)：398-404.

何光华，郑家奎，李耘，等，1993. 不同类型水稻产量组分研究 [D]. 西南农业大学学报，15 (5)：438-440.

胡继鑫，2008. 水稻穗部性状与产量和品质的关系研究 [D]. 重庆：西南大学，34-35.

胡凝，姚克敏，张晓翠，等，2011. 水稻株型因子对冠层结构和光分

布的影响与模拟 [J]. 中国水稻科学, 25 (5): 535-543.

胡培松, 翟虎渠, 万建民, 2002. 中国水稻生产新特点与稻米品质改良 [J]. 中国农业科技导报, 4 (4): 33-39.

胡霞, 石瑜敏, 贾倩, 等, 2011. 影响水稻穗部性状及籽粒碾磨品质的 QTL 及其环境互作分析 [J]. 作物学报, 37 (7): 1 175-1 185.

黄发松, 孙宗修, 胡培松, 等, 1998. 食用稻米品质形成研究的现状与展望 [J]. 中国水稻科学, 12 (3): 172-176.

黄耀祥, 林青山, 1994. 水稻超高产、特优质株型模式的构想与育种实践 [J]. 广东农业科学 (4): 1-6.

黄耀祥, 2001. 半矮秆、早长根深、超高产、特优质-中国超级稻生态育种工程 [J]. 广东农业科学, 3, 2-6.

姜健, 李金泉, 徐正进, 等, 2002. 水稻籼粳交杂种优势的研究 [J]. 吉林农业科学, 27 (1): 3-7.

金峰, 陈书强, 徐正进, 等, 2008. 直立与弯曲穗型水稻穗上不同部位籽粒碾磨品质的比较 [J]. 中国水稻科学, 22 (2): 167-174.

金峰, 徐海, 江奕君, 等, 2013. 生态环境对籼粳交后代株型特性和产量构成的影响 [J]. 中国水稻科学, 27 (1): 49-55.

匡勇，罗丽华，周倩倩，等，2011. 水稻籼粳交重组自交系群体穗部性状的相关和遗传分析［J］. 华北农学报，26（3）：72-78.

李红宇，侯昱铭，陈英华，等，2009. 东北地区水稻主要株型性状比较分析［J］. 作物学报，35（5）：921-929.

李绍波，杨国华，章志宏，等，2009. 直播条件下水稻 6 个穗部性状的 QTL 分析［J］. 武汉植物学研究，27（5）：467-472.

李旭毅，池忠志，姜心禄，等，2012. 成都平原两熟地区籼粳稻品种籽粒灌浆特性［J］. 中国农业科学，45（16）：3 256-3 264.

梁康迳，2000. 籼粳杂交稻穗部性状的遗传效应及其与环境互作［J］. 应用生态学报，11（1）：78-82.

林世成，闵绍楷，1991. 中国水稻品种及其系谱［M］. 上海：上海科技出版社. 106-138.

吕川根，胡凝，姚克敏，等，2009. 超高产杂交稻两优培九齐穗期株型的区域差异及对冠层结构的影响［J］. 中国水稻科学，23（5）：529-536.

马均，周开达，2001. 亚种间重穗型杂交稻穗颈维管束与穗部性状的关系［J］. 西南农业学报，14（3）：1-5.

毛艇，徐海，郭艳华，等，2009. 利用SSR分子标记进行水稻籼粳分类体系的初步构建［J］. 华北农学报，24（1）：119-124.

毛艇，徐海，郭艳华，等，2010. 籼粳交重组自交系的亚种属性与稻米品质性状的关系［J］. 中国水稻科学，24（5）：474-478.

彭俊华，李有春，1990. 水稻籼、粳两亚种产量构成特点的剖析与比较［J］. 四川农业大学学报，8（3）：162-168.

彭俊华，1991. 水稻产量的基因型×环境互作分析及生态类型区的划分［J］. 四川农业大学学报，9（3）：327-333.

祁玉良，鲁伟林，石守设，等，2005. 水稻两系亚种间杂种优势分析及其亲本选配的研究［J］. 河南农业科学，10：33-36.

裘宗恩，刘钧赞，吴竞仑，1987. 云南高原稻在低海拔地区种植植株形态变异的研究［J］. 中国农业科学，20（2）：13-18.

石全红，刘建刚，王兆华，等，2012. 南方稻区水稻产量差的变化及其气候影响因素［J］. 作物学报，38（5）：896-903.

隋炯明，梁国华，李欣，等，2006. 籼稻多蘖矮半矮秆基因的遗传分析和基因定位［J］. 作物学报，32（6）：845-850.

王红霞，邹德堂，王晓东，等，2010. 不同生态条件对水稻产量及其构成要素的影响［J］. 黑龙江农业科学（5）：29-30.

王敬国，邹德堂，崔晟焕，等，2005. 两种株型水稻品种杂交后代品质性状与农艺性状的研究［J］. 黑龙江农业科学（1）：12-14.

王延颐，防景淮，陈玉泉，1982. 水稻株型及受光量的初步研究［J］. 农业气象，1，29-36.

王忠，顾蕴洁，陈刚，等，2003. 稻米的品质和影响因素［J］. 分子植物育种（2）：231-241.

吴长明，孙传清，付秀林，等，2003. 稻米品质性状与产量性状及籼粳分化度的相互关系研究［J］. 作物学报，29（6）：822-828.

吴文革，张洪程，吴桂成，等，2007. 超级稻群体子粒库容特征的初步研究［J］. 中国农业科学，40（2）：250-257.

邢永忠，徐才国，华金平，等，2001. 水稻穗部性状的 QTL 与环境互作分析［J］. 遗传学报，28（5）：439-446.

徐海，刘宏光，杨莉，等，2007. 不同生态条件下籼粳稻杂交后代亚种特性的比较研究［J］. 作物学报，33（3）：370-377.

徐海，刘宏光，朱春杰，等，2007. 生态条件对籼粳稻杂交后代亚种特性与经济性状的影响［J］. 自然科学进展，17（9）：

1 197-1 202.

徐海，朱春杰，郭艳华，等，2009. 生态环境对籼粳稻杂交后代穗部性状的影响及其与亚种特性的关系 [J]. 中国农业科学，42 (5)：1 540-1 549.

徐正进，陈温福，韩勇，等，2007. 辽宁水稻穗型分类及其与产量和品质的关系 [J]. 作物学报，33 (9)：1 411-1 418.

徐正进，陈温福，孙占惠，等，2004. 辽宁水稻籽粒在穗轴上分布特点及其与结实性的关系 [J]. 中国农业科学，37 (7)：963-967.

徐正进，陈温福，张龙步，等，1990. 水稻不同穗型群体冠层光分布的比较研究 [J]. 中国农业科学，23 (3)：6-11.

徐正进，陈温福，张龙步，等，1996. 水稻穗颈维管束性状的类型间差异及其遗传的研究 [J]. 作物学报，22 (2)：167-172.

徐正进，陈温福，张龙步，等，2005. 水稻理想穗型设计的原理与参数 [J]. 科学通报，50 (1)：1-4.

徐正进，陈温福，张树林，等，2005. 辽宁水稻穗型指数品种间差异及其与产量和品质的关系 [J]. 中国农业科学，38 (9)：1 926-1 930.

徐正进，陈温福，张文忠，等，2004. 北方粳稻新株型超高产育种研究进展［J］. 中国农业科学，37（10）：1 407-1 413.

徐正进，李金泉，姜键，等，2003. 籼粳稻杂交育成品种的亚种特性性状及其与经济性状的关系［J］. 作物学报，29（5）：735-739.

杨从党，袁平荣，周能，等，2001. 叶型特性与产量构成因素的相关分析［J］. 中国水稻科学，15（1）：70-72.

杨守仁，沈锡英，顾慰连，1962. 籼粳稻杂交育种研究［J］. 作物学报，1（2）：97-102.

杨守仁，张龙步，陈温福，等，1996. 水稻超高产育种的理论和方法［J］. 中国水稻科学，10（2）：115-120.

杨守仁，张龙步，陈温福，等，1996. 水稻超高产育种的理论和方法［J］. 作物学报，22（3）：295-304.

杨守仁，赵纪书，1959. 籼粳稻杂交问题之研究［J］. 农业学报，10（4）：256-268.

杨守仁，1982. 水稻株型研究进展［J］. 作物学报，3（3）：205-209.

杨守仁，1987. 水稻超高产育种的新动向—理想株型与优势利用相结合［J］. 沈阳农业大学学报，18（1）：1-5.

杨占烈，余显权，黄宗洪，等，2006. 不同生态条件下影响稻米品质变化的气象因子研究［J］. 种子，25（7）：78-81.

袁隆平，1990. 两系法杂交水稻研究的进展［J］. 中国农业科学，23（3）：1-6.

袁隆平，1997. 杂交水稻超高产育种［J］. 杂交水稻，12（6）：1-3.

袁隆平，2002. 杂交水稻学［M］. 北京：中国农业出版社，192-204.

张庆，殷春渊，张洪程，等，2010. 水稻氮高产高效与低产低效两类品种株型特征差异研究［J］. 作物学报，36（6）：1 011-1 021.

张小明，王仪春，石春海，等，2002. 稻米蒸煮营养品质性状的遗传研究进展［J］. 植物遗传资源科学，3（2）：51-55.

张尧忠，徐宁生，1998. 酯酶酶带籼粳分类法及稻种籼粳分类体系的讨论［J］. 西南农业学报，11（3）：88-93.

张再君，梁承邺，2003. 两个籼粳交杂种 F_2 代几个重要性状的分布［J］. 中国农业科学，17（2）：129-133.

赵安常，芮重庆，1982. 籼稻数量性状配合力的研究［J］. 作物学报，8（2）：113-117.

赵明珠，金峰，周平，等，2012. 生态条件对籼粳交 F_2 穗部性状与程氏指数的影响［J］. 植物遗传资源学报，13（6）：1 082-1 087.

赵全志，李梦琴，刘慧超，等，2003. 粳稻品质与株型的关系研究［J］. 河南农业大学学报，37（1）：13-17.

中国农业科学院，1984. 中国稻作学［M］. 北京：农业出版社. 309-316.

周开达，马玉清，刘太清，等，1995. 杂交水稻亚种间重穗型组合的选育—杂交水稻超高产水稻育种的理论与实践［J］. 四川农业大学学报，13（4）：403-407.

周开达，汪旭东，李仕贵，等，1997. 亚种间重穗型杂交稻研究［J］. 中国农业科学，30（5）：91-93.

朱春杰，徐海，郭艳华，等，2007. 籼粳稻杂交后代穗部性状变异及其相互关系研究［J］. 沈阳农业大学学报，38（4）：57-461.

朱振华，金基永，袁平荣，等，2009. 不同生态条件对云南和韩国粳稻品质及淀粉 RVA 谱特性的影响［J］. 应用生态学报，20（12）：2 949-2 954.

Bai，X. F. ，Luo，L. j. ，Yan，W. H. ，et al.，2010. Genetic

dissection of rice grain shape using a recombinant inbred line population derived from two contrasting parents and fine mapping a pleiotropic quantitative trait locus qGL7 [J]. BMC genetics, 11 (1): 16-21.

Chang, T. T. , Oka, H. I, 1976. Genetic variousness in the climatic adaption of rice cultivars. Proceedings of the symposium on climate and rice? Los Banˇos, Philippines: International Rice Research Institute, 87-111.

Chang, T. T, 1976. The origin, evolution, cultivation, dissemination and diversification of Asian and African rices [J]. Euphytica, 25: 435-441.

Chen, W. , Xu, Z. , Zhang, L. , et al., 2002. Advances and prospects of rice breeding for super high yield [J]. Chin. Eng. Sci. 4: 31-35.

Chen, W. F. , Xu, Z. J. , Zhang, L. B, 1995. Comparative study of stomata density and gas diffusion resistance in leaves of various types of rice [J]. Korean Journal of Crop Science, 40 (2): 125-132.

Doi, K. , Izawa, T. , Fuse, T. , et al., 2004. Ehd1, a B-type response regulator in rice, confers short-day promotion of flowering and controls FT-deviated gene expression independently of Hd1 [J]. Genes & development, 18 (8): 926-936.

Donald, C. M., 1968. The breeding of crop ideotypes [J]. Euphytica, 17: 385-403.

Fan, C. C., Xing, Y. Z., Mao, H. L., et al., 2006. GS3, a major QTL for grain length and weight and minor QTL for grain width and thickness in rice, encodes a putative transmembrane protein [J]. Theoretical and Applied Genetics, 112 (6): 1 164-1 171.

Fan, Y. Y., Chen, C., Wu J. R, et al., 2011. Quantitative Trait Loci for Yield Traits Located Between Hd3a and Hd1 on Short Arm of Chromosome 6 in Rice [J]. Rice Science, 18 (4): 257-264.

Fan, Y. Y., Zhuang, J. Y., Wu, J. L., et al., 2000. SSLP based Identification of Subspecies in Rice (*Oryza sativa* L.) [J]. Hereditas, Beijing, 6: 392-394.

Fu Q., Zhang, P. J., Lubin Tan, L. B., et al., 2010. Analysis of QTLs for yield-related traits in Yuanjiang common wild rice (*Oryza rufi-*

pogon Griff.) J. Genet [J]. Genomics, 37: 147-157.

Guo, Y. , Delin Hong, D. L. , 2010. Novel pleiotropic loci controlling panicle architecture across environments in japonica rice (*Oryza sativa* L.) J. Genet [J]. Genomics, 37: 533-544.

Hittalmani S, Huang N, Courtois B, Venuprasad R, et al., 2003. Identification of QTL for growth-and grain yield-related traits in rice across nine location of Asia [J]. Theoretical and Applied Genetics, 107: 679-690.

Horie, T. , Ohnishi, M. , Angus, J. F. , et al., 1997. Physiological characteristics of high - yielding rice inferred from cross - location experiments [J]. Field Crops Res. 52, 55-67.

Horie, T. , Shiraiwa, T. , Homma, K. , et al., 2005. Can yields of lowland rice resume the increases that they showed in the1980s? [J]. Plant Prod. Sci. 8, 259-274.

Huang, X. Z. , Qian, Q. , Liu, Z. B. , et al., 2009. Natural variation at the DEP1 locus enhances grain yield in rice [J]. Nature genetics, 41 (4): 494-497.

Internationdal Rice Research Institute（IRRI）. IRRI towards 2000 and beyond [M]. Manila：IRRI，1989. 36–37.

Jiang，S. K.，Zhong，M.，Xu，Z. J.，et al.，2006. Classification of Rice Cultivars with RAPD Molecular Markers [J]. Journal of Shenyang Agricultural University，37（4）：639–641.

Johns，M. A.，Mao，L，2007. Differentiation of the two rice subspecies indica and japonica：a gene ontology perspective [J]. Functional Integrative Genomics，7：135–151.

Kato，S.，Kosaka，H.，Hara，S，1928. On the affinity of rice varieties as shown by fertility of hybrid plants [J]. Bulletin of Sciences of Faculty of Agriculture，Fukuoka，Japan，3：132–147.

Katsura，K.，Maeda，S.，Lubis，I.，Horie，T.，et al.，2008. The high yield of irrigated rice in Yunnan China：a cross–location analysis [J]. Field Crops Res. 107，1–11.

Khush G S，1995. Breaking the yield frontier of rice. Geo J，35：329–332.

Lee，K.，Akita，S.，2000. Factors causing the variation in the temperature coefficient on dark respiration in rice (*Oryza sativa* L.) [J]. Plant Prod. Sci. 3: 38-42.

Li, G. H., Xue, L. H., Wei Gu W., et al., 2009. Comparison of yield components and plant type characteristics of high-yield rice between Taoyuan, a 'special eco-site' and Nanjing, China [J]. Field Crops Research 112: 214-221.

Li, J. M., Thomson, M., McCouch, S. R, 2004. Fine mapping of a grain-weight quantitative trait locus in the pericentromeric region of rice chromosome 3 [J]. Genetics, 168 (4): 2 187-2 195.

Li, Y. B., Fan, C. C., Xing, Y. Z., et al., 2011. Natural variation in GS5 plays an important role in regulating grain size and yield in rice [J]. Nature genetics, 43 (12): 1 266-1 269.

Liang, F., Xin, X. Y., Hu, Z. J., et al., 2011. Genetic analysis and fine mapping of a novel semidominant dwarfing gene LB4D in rice [J]. Journal of integrative plant biology, 53 (4): 312-323.

Lin, H. X., Qian, H. R., Zhuang, J. Y., et al., 1996. RFLP mapping of QTLs for yield and related characters in rice [J]. Theoretical and

Applied Genetics, 92: 920-927.

Lin, J. R. , Shi, C. H. , Wu, M. G. , et al., 2005. Analysis of genetic effects for cooking quality traits of japonica rice across environments [J]. Plant Science, 168: 1 501-1 506.

Lin, S. Y. , Sasaki, T. , Yano, M, 1998. Mapping quantitative trait loci controlling seed dormancy and heading date in rice, Oryza sativa L. , using backcross inbred lines [J]. Theoretical and Applied Genetics, 96 (8): 997-1 003.

Lin, Z. W. , Griffith, M. E. , Li, X. R. , et al., 2007. Origin of seed shattering in rice (*Oryza sativa* L.). Planta, 226 (1): 11-20.

Lu, B. R. , Cai, X. X. , Jin, X, 2009. Efficient indica and japonica rice identification based on the InDel molecular method: Its implication in rice breeding and evolutionary research [J]. Progress in Natural Science, 19: 1 241-1 252.

Morishima, H. , Sano, H. I. , Oka, H. I, 1992. Evolutionary studies in cultivated rice and its wild relatives [J]. Oxford Surveys in Evolutionary Biology, 8: 135-184.

Motoyuki, A., Hitoshi, S., Lin, S. Y., et al., 2005. Cytokinin Oxidase Regulates Rice Grain Productio [J]. Science, 309 (741): 741-745.

Mu, P., Huang, C., Li J. X., et al., 2008. Yield Trait Variation and QTL Mapping in a DH Population of Rice Under Phosphorus Deficiency [J]. Acta Agron Sin, 34 (7): 1 137-1 142.

Murray, M. G., Thompson, W. F, 1980. Rapid isolation of high molecular weight Plant DNA [J]. Nucleic Acids Research, 8: 4 321-4 325.

Ni, J. J., Peter, M., Colowit, David, et al., 2002. Evaluation of Genetic Diversity in Rice Subspecies Using Microsatellite Markers [J]. Crop Science, 42: 601-607.

Peng, S., Khush, G. S., Virk, P., et al., 2008. Progress in ideotype breeding to increase rice yield potential [J]. Field Crops Res. 108, 32-38.

Rao, N. N., Prasad, K., Kumar, P. R., et al., 2008. Distinct regulatory role for RFL, the rice LFY homolog, in determining flowering time and plant architecture [J]. Proceedings of the National Academy of Sciences, 105 (9): 3 646-3 651.

Sarah, B., Lanning, Terry J. Siebenmorgen et al., 2011. Extreme night-time air temperatures in 2010 impact rice chalkiness and milling quality [J]. Field Crops Research, 124: 132-136.

Shao, G. N., Tang, S. Q., Luo, J., et al., 2010. Mapping of qGL7-2, a grain length QTL on chromosome 7 of rice [J]. Journal of Genetics and Genomics, 37 (8): 523-531.

Sharifi Peyman, Dehghani Hamid, Mumeni Ali, et al., 2009. Genetic and genotype×environment interaction effects for appearance quality of rice [J]. Agricultural Sciences in China. 8 (8): 891-901.

Sheehy, J. E., Mitchell, P. L., Ferrer, A. B, 2006. Decline in rice grain yields with temperature: models and correlations can give different estimates [J]. Field Crops Res. 98, 151-156.

Shen, Y. J., Jiang, H., Jin, J. P., et al., 2004. Development of genome-wide DNA polymorphism database for map-based cloning of rice genes [J]. Plant physiology, 135 (3): 1 198-1 205.

Shomura, A., Izawa, T., Ebana, K., et al., 2008. Deletion in a gene associated with grain size increased yields during rice domestication [J]. Nature genetics, 40 (8): 1 023-1 028.

Song, X. J. , Huang, W. , Shi, M. , et al., 2007. A QTL for rice grain width and weight encodes a previously unknown RING-type E3 ubiquitin ligase [J]. Nature genetics, 39 (5): 623-630.

Sun, J. , Liu, D. , Wang, J. Y. , et al., 2012. The contribution of intersubspecific hybridization to the breeding of super-high-yielding japonica rice in northeast China [J]. Theoretical and Applied Genetics, 125 (6): 1 149-1 157.

Tang, T. , Shi, S. H. , 2007. Molecular population genetics of rice domestication [J]. Jouranl of Integrative Plant Biology, 49: 769-775.

Teng, S. , Qian Q. , Li Z. D. , et al., 2002. QTL analys is of rice peduncle vascular bundle system and panicle traits [J]. Acta Bo tanica Sinica. 44 (3): 301-306.

Tsunoda S, Takahashi N, 1984. Biology of Rice [M]. Tokyo: Japan Science Society Press. 89-115.

Tsunoda, S. , 1959a. A developmental analysis of yielding ability in varieties of field crops. I. Leaf area per plant and leaf area ratio [J]. Jpn. J. Breed. 9, 161-168.

Tsunoda, S., 1959b. A developmental analysis of yielding ability in varieties of field crops. II. The assimilation-system of plants as affected by the form, direction and arrangement of single leaves [J]. Jpn. J. Breed. 9, 237-244.

Tsunoda, S., 1960. A developmental analysis of yielding ability in varieties of field crops. III. The depth of green color and the nitrogen content of leaves [J]. Jpn. J. Breed. 10, 107-111.

Tsunoda, S., 1962. A developmental analysis of yielding ability in varieties of field crops. IV. Quantitative and spatial development of the stem-system [J]. Jpn. J. Breed. 12, 49-55.

Wang, X. S., Zhao, X. Q., Zhu, J., et al., 2005. Genome-wide Investigation of Intron Length Polymorphisms and Their Potential as Molecular Markers in Rice [J]. DNA Research, 12: 417-427.

Weng, J., Gu, S., Wan, X., et al., 2008. Isolation and initial characterization of GW5, a major QTL associated with rice grain width and weight [J]. Cell research, 18 (12): 1 199-1 209.

Williams, R. L., 1992. In: Beecher, H. G., Dunn, B. W. (Eds.), Physiological comparison of Amaroo and YRL 39. Yanco Agricultural Report [R]. Yanco Agricultural Institute, NSW, Australia, 81-85.

Xu, H., Liu, H. G., Yang, L., et al., 2007. Subspeices characteristics in filial generation of cross between indica and japonica rice under different environments [J]. Frontiers of Agriculture in China, 1 (3): 281-288.

Xu, H., Liu, H. G., Zhu, C. J., et al., 2008. Effect of ecological environments on subspecies characteristics and economic traits in filial generations of cross between indica and japonica rice [J]. Frontiers of Agriculture in China, 2 (1): 23-29.

Xu, Z. J., Chen, W. F., Huang, R. D, et al., 2010. Genetical and physiological basis of plant type model of erect and large panicle japonica super rice in northern China [J]. Sci Agric Sin, 9 (4): 457-462.

Xue, W. Y., Xing, Y. Z., Weng, X. Y., et al., 2008. Natural variation in Ghd7 is an important regulator of heading date and yield potential in rice [J]. Nature genetics, 40 (6): 761-767.

Yamamoto, T. , Koboki, Y. , Lin, S. Y. , et al., 1998. Fine mapping of quantitative trait loci Hd-1, Hd-2 and Hd-3, controlling heading date of rice, as single Mendelian factors [J]. Theoretical and Applied Genetics, 97: 37-44.

Yamamoto, T. , Lin, H. X. , Sasaki, T. , et al., 2000. Identification of heading date quantitative trait locus Hd6 and characterization of its epistatic interactions with Hd2 in rice using advanced backcross progeny [J]. Genetics, 154 (2): 885-891.

Ying, J. , Peng, S. , Yang, G. , et al., 1998a. Comparison of high-yield rice in tropical and subtropical environments. I. Determinations of grain and dry matter yields [J]. Field Crops Res. 57: 71-84.

Ying, J. , Peng, S. , Yang, G. , et al., 1998b. Comparison of high-yield rice in tropical and subtropical environments nitrogen accumulation and utilization efficiency [J]. Field Crops Res. 57: 85-93.

Yue B. , Xue W. Y. , Luo L. J. , et al., 2006. QTL analysis for flag leaf characteristics and their relationships with yield and yield traits in rice

[J]. Acta Genetica Sinica, September, 33 (9): 824-832.

Zeder, M. A. , Emshwiller, E. , Smith, B. D. , et al., 2006. Documenting domestication: the intersection of genetics and archaeology [J]. Trends in genetics: TIG, 22 (3): 139-155.

Zhang, B. S. , Tian, F. , Tan, L. B. , et al., 2011a. Characterization of a novel high-tillering dwarf 3 mutant in rice [J]. Journal of Genetics and Genomics, 38 (9): 411-418.

Zhang, Q. E. , Saghai-Maroof, M. A. , Lu, T. Y. , et al., 1992. Genetic diversity and differentiation of indica and japonica rice detected by RFLP analysis [J]. Theoretical and Applied Genetics, 83: 495-499.